羽健身

丁小羽——著

前言

享瘦一生，美麗一世

追求健康、青春與美麗是每個人的夢想，只是追求的過程中充滿各種不同的理論、學說，讓你無所適從，我一直相信沒有絕對完美的理論，只有一個最適合自己的方法，以這樣的精神不斷的在健身與瘦身的領域中鑽研與實驗，就算在過程中受到各種質疑甚至嘲笑，我也沒有想要放棄過。每一個理論都有它的盲點，卻也都有它的優點，我只是按照我的實驗精神，以自己跟一群志同道合的朋友一起實驗求證，求助於專業，也求助於自己。

很高興這本書在百忙之中終於可以順利完成，它代表的只是我人生的一個新的起點，我不能告訴大家我的論述就是百分之百正確，但我會希望大家可以照著書中的方法跟理論去實驗看看，如果最後你也跟我一樣可以運用小資來達到享瘦的目標，希望你可以把這些方法介紹給大家，多買這本書或者推薦這本書給周遭需要的朋友，把這本書分享出去。

對於本書中所提及的相關知識及見解，希望你保持開放卻又小心謹慎的態度去實驗，也建議你在實驗之前先向專業的醫師、營養師尋求協助；如果你剛好因為本書的方法而瘦了下來，那也只是因為這個方法很適合你而已，並不是因為我有多棒，而是因為你自己的努力。最後願大家都能「享瘦一生，美麗一世」。

CONTENTS

CH3
小資輕健身！隨處都是健身器材

CH4
瘦身迷思總盤點

CONTENTS

CH1

開始瘦身前，先知道這些事

DOMYOS
DOMYOS

1. 你要健身還是瘦身？

常聽朋友為了減肥開始上健身房。健身是為了鍛鍊肌耐力與爆發力，以強化肌肉為主要目的。而瘦身只是單純為了瘦下來，重點是減脂、讓體態更完美。雖然健身與瘦身的功效和目的不同，在一開始健身時，也的確會因此而變瘦，但是只要稍不注意持續鍛鍊一段時間，肌肉就會開始慢慢被強化而更「健壯」，這是你想要的結果嗎？

東方女性與西方女性追求的美是不同的，東方女性大多只想瘦下來，不希望有太明顯的肌肉，甚至很怕變成「金剛芭比」；而西方女性卻喜歡練出肌肉線條，也較能欣賞健壯的美感。所以，**如果你只是想瘦身，其實不需要去健身房，也不需要做重量訓練，你只需要持續適量的運動，提升身體溫度，強化循環代謝功能就好**。

許多女性朋友問小羽：「我的小腿肌肉比較發達，就是蘿蔔腿啦，要怎麼瘦下來？」我通常會建議，盡量不要去運動到小腿！***想要瘦掉肌肉，就不要動到它才有機會甩肉***。因為脂肪包覆在肌肉外層，所以要先判斷到底有多少脂肪、多少肌肉，否則盲目地運動只會讓身體局部越「粗壯」喔！若只是想**單純瘦身，千萬不要太過重視肌肉的鍛鍊**，一旦肌肉被強化，要消除肌肉可就不比消脂容易囉！

也有不少人問小羽，之前為了瘦身，每天勤跑健身房並且在家自行鍛鍊了好一陣子，結果發現體重是減輕了，腰部的贅肉也不見了，但是大腿卻開始變粗了，問我該怎麼辦？是的，瘦身跟健身的區別就在這裡，很多女生一開始只知道鍛鍊會變瘦，或者臀形會變好看，但不知道肌肉同時也會變強壯。並不是說練出肌肉就一定不好看，確實也有很多人喜歡肌肉的線條美感，但小羽要提醒只想瘦身的水水們，如果你跟我一樣是屬於那種只希望自己瘦瘦的，不要脂肪也不想要有大塊肌肉的話，建議你只需要從事輕度或中度的運動就好，不要做過多或負荷過大的負重及肌耐力訓練，其實身體只需要緩和且輕量的運動，就能持續發熱燃脂，同時也能增加適當的肌肉量喔！

想瘦哪裡，
就不要動哪裡！

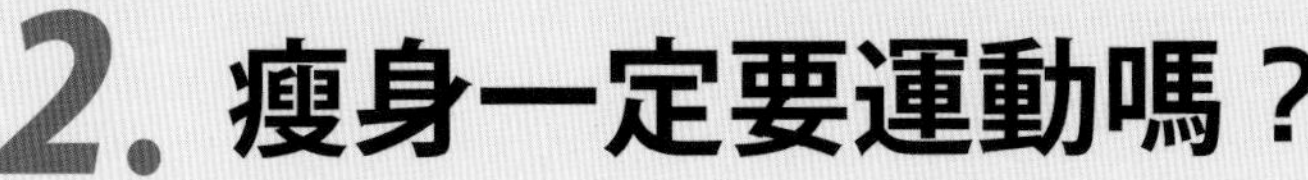

2. 瘦身一定要運動嗎？

小羽常常告訴大家，平常有保持運動習慣的人，看起來會比較年輕喔！

運動能夠提升身體代謝功能，讓體溫上升，加快血液循環，內臟溫度也跟著上升。科學研究發現，**保持每週運動 2～3天，每次運動時間超過1小時的人，會比沒有運動習慣的人更長壽。**

但是，很多人不愛運動的原因不外乎是：忙碌、怕累或是太懶。其實只要把運動當作一種休閒，每週安排固定時間，或許會感覺輕鬆很多。運動主要是提升身體的循環與代謝功能，並不一定要從事高強度運動，雖然高強度運動效果比較好，但只要能持續，也可以達到想要的效果，也不容易發生運動傷害。如果可以呼朋引伴一起運動，比方說一起散步、爬山、騎自行車、打球……不但能增加運動的樂趣，還有互相督促的效果喔！

運動的目的在於：持續由內而外加熱你的身體，達到活化機能的效果。

最簡單的中強度運動就是連續快速步行，不見得需要真正去跑步，或是強迫心跳每分鐘跳100下以上，若因此累翻自己、半途而廢，豈不因小失大。每次運動到底該持續多久？這個問題牽涉到每個人的身體年齡、基因、體能狀況等因人而異，如果是為了整體瘦身，我建議持續1小時左右就夠了；但如果是為了局部健身，除了整體瘦身所需1小時左右的運動之外，每天最好還要再做8分鐘的TABATA才能達成局部健身的效果。

快走也是最適合所有年齡層的運動，現在有很多APP可以幫你記錄每天跑步或走路的速度、公里數、時間等。**保持每小時約4公里的步行速度**，以及每天1小時的運動量，就可以降低心血管疾病及慢性病的風險，而且持續運動是維持瘦身效果不復胖的重要關鍵，也就是說，運動是保持好身材的重要關鍵。**而運動鍛鍊出來的肌肉組織，又可以加速降低體脂肪，提高身體的代謝力。**

明明運動量很大，為何還是瘦不下來？

關於瘦身的問題，我們需要先判定自己到底是因為肌肉量多，還是因為脂肪量多，甚至是內臟脂肪量過高所引起的肥胖，絕對不只是看體重計上的數字而已。

若沒有控制飲食，運動量再大也不見得瘦得下來！但是，若已控制飲食，卻天生肌肉發達，運動量越大、強度越高，反而會讓你看起來越強壯喔！

不是叫你別運動，而是要你別那樣動！

*小羽的姊妹淘常問：「我常常逛街一逛就是好幾個小時，應該算有運動吧？」小羽的回答是：***連續性的快步走才叫做運動***，若只是走走停停還休息兼喝飲料，就不能算是真的運動喔！*

ADIDAS

3. 只要三招就能瘦局部?! 你真正需要的是……

每個人的身高、體型、哪裡胖哪裡瘦，其實都是基因決定的。因為肌肉纖維多寡跟荷爾蒙的分泌也都是天生基因決定，而且很殘酷的是，**最容易發胖的地方往往就是你最難瘦的地方！**比方說，如果你的臀部比較容易發胖，當你想變瘦時，通常最後才會瘦到這裡。

這樣說來，如果想要局部瘦身不就沒希望了嗎？其實也不然，脂肪之所以開始堆積，就是因為營養過剩，重點是要看先堆積在哪兒？對身體而言，燃燒脂肪其實是整體性的燃燒，最後才會燃燒到想要局部加強部位的脂肪，雖然透過局部鍛鍊也會加速燃燒局部脂肪，但是別忘了，鍛鍊的主要目的是增強局部肌肉，而燃燒脂肪是屬於全身性的動作，只要身體還有過剩的養分，還是會先堆積在最容易堆積的部位喔！

很多粉絲或網友寫信問小羽：「到底要怎麼瘦大腿啊？」「小腹要怎麼瘦啊？」每每看到許多報導或網路文章標題「每天只要做這3招，

馬上擁有小蠻腰！」這類內容，都不禁懷疑是真的嗎？雖然我並不抱持否定態度，但確實也有點言過其實了。如果想要瘦的部位是肌肉或者是內臟脂肪，其實動作練再多也不會有效果。

此外，如果想要瘦的部位剛好是你最容易堆積脂肪的地方，也就是頑固脂肪堆積最多的地方，等全身都瘦了以後才會開始瘦那個部位，鍛鍊只是讓你看起來變緊實而已，並沒有真正瘦下去喔！

悲劇了！減肥尚未成功，為何胸部卻先瘦了？

對多數東方人來說，胸部是脂肪細胞最不發達的部位，最不容易累積脂肪，也是最快瘦下來的地方，因此常聽人抱怨，全身都胖了就是胸部沒胖，現在你該知道為什麼了。

你唯一需要的配備：體脂計

與其花大錢買健身器材、運動課程、代餐產品，還不如買一台好一點的體脂計比較實在。天天量體重和體脂，其實就等於身邊有一位教練每天督促你，提醒你什麼情況下體脂肪會快速上升？什麼時候體重會快速下降？又什麼時候下降的幅度會減緩？有實驗才有數據，每個人的基因都不一樣，身體的特性與慣性也都不盡相同，所以，擁有一台自己專屬的體脂計比買健身器材重要多了！

目前市售的體脂計功能五花八門，除了可以量體重之外，建議買至少可以量出體脂肪率、內臟脂肪率的體脂計。由於每台機器的設定與調校不同，數據也會略有差距，所以每天在固定的機器上，最好是在固定的時間點測量（起床和睡前各量一次）並且記錄下來，自然就會知道瘦身計畫有沒有朝正向發展。

其實小羽還會在運動前後各測量一次，並且測量體溫變化和心跳數，藉此了解這樣的運動對身體機能產生的變化程度，又對瘦身有多少幫助，然後可依此控制運動時間和強度，找出對自己最有效的運動方式，也就是「最低有效劑量」的概念喔。比方說：快走半小時之後，體脂肪率會開始大幅下降；而快走超過1小時之後的體脂肪下降率，其實跟快走1.5小時以上差不多，因此我就會選擇固定快走1小時，以此類推。

再次呼籲有心想瘦的水水們，
*你其實只需要買***一台體脂計***，*
其他錢都可以省下來喔！

4. 改變進食順序就能瘦

瘦身減重說穿了並沒有什麼深奧的學問，成敗與否大部分決定於飲食習慣改變而已。改變飲食習慣並不是只有改變吃「什麼東西」或吃「多少東西」，還要改變「吃飯的速度」，最重要的是改變「進食的習慣」。

進食習慣的改變

改變「**吃什麼東西**」的習慣⇒減少攝取澱粉或甜食。

改變「**吃多少東西**」的習慣⇒避免飲食過量。

改變「**吃飯的速度**」⇒控制血糖升高的速度，同時也會影響胰島素分泌的速度，也就是減緩葡萄糖變成脂肪的速度。

改變「**進食的順序**」⇒避免吃下太多澱粉類食物。

很多減重成功的人，其實只是單純的改變吃飯順序就有很好的成效，小羽也很建議大家嘗試，畢竟這是一種痛苦指數最低的習慣改變，事實上大多數的減肥理論和方法，也都是在控制澱粉的攝取量而已。

我很喜歡觀察別人吃飯的順序，大多數人用餐時習慣大口吃飯，或是一口菜配一口飯，偶爾咬塊肉（排骨、雞腿之類或其他肉類），把最好吃的留在後面品嚐，最後再喝一碗湯，飯後吃個水果「幫助消化」，然後完成飽足的一餐。

但這樣的順序真的OK嗎？這種進食方式其實是在吃完大量的澱粉之後，才慢慢把其他東西吃下肚，但是，大量的澱粉容易讓人不知道什麼叫吃飽，還會因此吃下過多的食物而不自覺。

如果改變一下吃東西的順序，變成：先喝完湯，再吃青菜，接著吃排骨、雞腿等肉類、蛋白質食物，最後配一點白飯，結果會如何？聰明的你應該馬上就會發現，若一開始就先把湯喝完，馬上就會有飽足感，接下來吃蔬菜，讓纖維質先進到肚子裡墊墊胃，纖維質能阻礙醣類及脂肪吸收，然後再吃蛋白質或脂肪類食物，由於後者這兩類食物十分容易令人飽足，通常吃到這個階段，其實不用再吃太多澱粉就已經飽了，最後澱粉類食物當然就吃不了多少。

改變飲食順序的方法，主要就是利用湯湯水水跟蛋白質及脂肪類食物讓人產生飽足感，便不至於吃下過多澱粉，瘦身效果十分顯著，**只改變飲食順序又不需要跳過正餐不吃，完全是一種毫無負擔的瘦身方式**，但老實說，這樣的瘦身方式一開始還是會面對同樣的老問題——很容易肚子餓啊！如果肚子餓的時候，又把洋芋片、餅乾、麵包等高熱量食物吃下肚，就前功盡棄了（哭哭），下一章小羽會告訴你如何戰勝飢餓！

*如果你跟小羽一樣是蔬食主義者，喝完湯之後吃蛋白質或脂肪成分較高的蔬菜，*最後再吃澱粉類的食物，*也能達到同樣的效果。*

5. 戰勝飢餓感！餓了該不該吃？

有瘦身經驗的人一定知道：運動雖然帶來痠痛和疲累，但運動所產生的愉悅感跟成就感會讓我們有持續下去的動力。

相反的，節食所帶來的飢餓感，只會讓你產生憤怒和失落等負面情緒，因為想吃東西的欲望在腦海裡揮之不去並且越來越強烈，周遭環境又充滿著美食誘惑，而拒絕誘惑才是瘦身過程中最讓人崩潰的事！因此大家寧可承受健身與運動帶來的痠痛與疲憊，也不想面對飲食控制下的飢餓。

為什麼會飢餓？

當大腦判斷身體內的血糖濃度較低，就會發出飢餓訊號提醒我們吃東西。這是一個自然生理反應，當我們在控制飲食時，醣類與澱粉類食物開始減少，血糖濃度自然較低，大腦在還沒有習慣這樣的狀態之前就會常常提醒你「該吃東西囉！」這也就是控制飲食的人常常會感到飢餓的原因。要大腦重新適應一個新的血糖平衡需要時間，適應前的這段時間，因為血糖濃度不易拉高，就會很容易肚子餓。

飢餓難耐時，該吃什麼才不會讓瘦身大計破功？

難道我們對於飢餓束手無策嗎？別忘了，當你有飢餓感時，只要開始吃東西，大腦會自動解除飢餓的訊號，有研究指出，胃是我們人體的第二個腦，胃部發現有東西進來，就會解除這樣的飢餓訊號，所以，**飢餓時，應該要學會分辨該吃什麼，而不是克制自己完全不吃東西，因而累積飢餓感及欲望無法滿足的痛苦。**

肚子餓時可以在便利商店買什麼吃又不易胖？

茶葉蛋、地瓜、熱狗（但是不能吃大亨堡哦！）、肉乾
微波食品（非澱粉類）、生菜沙拉、無糖豆漿、
豆干、小魚乾、小包堅果（無調味）、海苔、無花果乾

真正健康的瘦身過程並不需要挨餓，坊間一切要你餓肚子的方法，到最後都會讓你前功盡棄甚至復胖，因為長久累積的飢餓感最終還是需要被重新滿足，一旦欲望超乎你的能耐，自制力潰堤就再也回不去了。

所以，飢餓時該怎麼辦？喝水？也不是不行，但效果短暫，餓了就吃些肉類、蛋類、蔬菜類食物，當然也不需要吃到飽，只要吃到不餓就可以了，千萬不要傻傻地吃零食、喝甜飲、吃水果，或者吃飯麵之類攝取澱粉類的東西，那就完全失去調整血糖濃度慣性的意義了喔！

等到大腦對於血糖濃度的敏感慣性調整到健康的平衡狀態，自然就不再容易飢餓，這樣的過程一般會需要兩週左右的過渡期，只要忍過兩週，你就自由了！

***成功戰勝飢餓感，
兩週讓你出頭天！
之後就會感覺身體
跟以往不一樣囉！***

6. 醣癮是最難抵擋的欲望

大家千萬不要以為，只要成功克服飢餓感，從此就一帆風順，真正最難抗拒的欲望，其實是醣癮啊！

吃醣會上癮?!是滴，幾乎所有美味的東西都會加糖，即便是鹹食也一樣，市面上的加工食品大約有90%會加糖，即使只是很微量的糖分，也會讓敏感的味蕾感覺好吃。醣癮不僅僅讓人想吃甜的而已，最麻煩的是，還會讓你越吃越多、越來越想吃，而且越來越不容易飽，因此一不小心就攝取過量營養，也就是說，**醣癮扭曲了我們大腦的生理訊號——多巴胺訊號**。

常聽到日本美食節目提到「令人感到幸福的蛋糕」，事實上甜的東西真的會讓大腦產生幸福感，這種感覺累積一段時間就會變成一種癮頭。而澱粉類食物也會轉換分解成葡萄糖，同樣會讓人上癮。

周遭很多朋友在瘦身時，都會信誓旦旦的說，會遵照指示控制飲食和保持運動，但在此同時，又常看到他們紛紛在臉書上PO出一系列美食照。的確，面對這樣強大的美食誘惑，不吃簡直人生變黑白對不起自己，這種對於美食的強烈欲望若長久累積沒被滿足，當然總有一天會崩潰的。

戒除醣癮就像戒菸一樣難，除非你的意志力堅強，不然真的需要借助一些方法。小羽會在後面，針對意志力不是太堅強的朋友們，提出一個能讓你滿足美食欲望，又不會養成身體對醣類過度依賴的飲食法喔！

*如果你原本就不愛吃太甜的東西，恭喜，你跟肥胖不會畫上等號。如果你超愛吃甜食至今也沒有發胖？哈哈，不是不胖，只是時候未到。是否發胖其實跟身體裡的賀爾蒙分泌有關係，***但如果一直當螞蟻人，遲早有一天會長肉肉的！**

7. 別再冤枉脂肪了，醣類才是肥胖的大魔王！

葡萄糖是人體最主要的能量來源，基本上白糖或澱粉類食物一進入口中，經過消化酶（唾液）的作用就開始轉化成葡萄糖被人體吸收利用了，可以說是最容易被身體吸收的營養來源，就食物的分類來說，澱粉類食物由於取得容易，所以也是大多數人的主食，例如：米飯、麵食、麵包、披薩等。

當身體習慣高劑量的醣類食物後會產生醣癮，讓你越吃越多而不覺得飽足。當大量葡萄糖進入血液後，人體會馬上分泌胰島素，通知細胞將它儲存起來，變成脂肪等待身體利用。所以澱粉類食物＋甜食經過消化之後會變成葡萄糖，身體會將葡萄糖轉換成脂肪儲存起來以備不時之需，**若長期攝取過量，又沒有被利用或代謝掉，就會堆積越來越多脂肪，讓你身材走樣**，也是造成慢性病的主要原因之一。雖然瘦身時視脂肪為「必除之惡」，但脂肪在人體之中卻又有其存在的必要性，脂肪除了將養分暫時儲存起來以備身體所需，當人體受到外力撞擊時也可以形成保護作用，此外，女性胸部的脂肪還可

以讓你美觀傲人，也是另一種用途啦。（誤）

回頭來看我們平常吃下的脂肪，主要是在小腸被消化吸收，進入血液及淋巴，運送到末端組織，或者運送到肝臟或與脂肪細胞合成，最後堆積在脂肪細胞儲存起來。當身體內的血醣濃度降低，脂肪細胞會將脂肪分解，釋出脂肪酸，提供身體利用產生熱能。由於澱粉消化吸收快，甜食的消化吸收更快，相較之下，脂肪類的食物除了容易因為纖維的影響不易吸收之外，消化速度較緩慢，消化脂肪與囤積脂肪甚至需要利用身體中的葡萄糖供給能量，若攝取過量脂肪，不僅容易產生飽足感，也容易引起「脂痢」，也就是拉肚子啦。

很多人在減肥過程中，只在乎脂肪的攝取量，卻忽略了減少澱粉及糖分的攝取，事實上，脂肪太容易膩也太容易讓人飽足，影響身體囤積脂肪的比重反而不大。想要瘦身的朋友其實應該將注意力擺在控制澱粉及糖分的攝取才對。

*是的！不用懷疑，***葡萄糖儲存後就會變成脂肪***，人體中的脂肪，大多數都是來自於攝取過多的醣類（澱粉+糖分），少部分才是來自於脂肪類食物，所以，真正讓你發胖的其實不是脂肪，而是醣類喔！*

8. 想要快速減脂，這兩個指數一定要認識！

當我們進食並且經過消化吸收後，大量的葡萄糖便開始進入血液中，血糖濃度急遽上升，正常血糖濃度介於一個區間範圍中，超過這個正常區間，身體會分泌胰島素降低血糖濃度（血糖濃度過高對身體其實是一種毒素啊），隨著血糖濃度上升快慢，胰島素分泌的速度也隨之變化，試圖讓血糖迅速回復到正常的區間範圍裡。缺乏胰島素時，血液中的葡萄糖無法被細胞貯存利用，此時過多的糖分就會被送到腎臟隨著尿液排出，也就是糖尿病。

脂肪之所以能大量堆積，就是因為血糖升高後，身體便自然開始分泌胰島素，胰島素將大量葡萄糖轉換成脂肪儲存起來，並且阻止脂肪轉換或燃燒，所以，這也是我們瘦身減脂時要對抗的生理過程：減緩胰島素的作用。由此可知，瘦身時一定要注意兩個重要指數：***升糖指數、胰島素指數***。升糖指數較高的食物包括：吐司麵包、米飯、麵；而升胰島素指數最高的就是牛奶。

升糖指數：血醣上升的速度
胰島素指數：胰島素上升的速度

所以不建議喝太多牛奶，乳製品升胰島素指數高，導致脂肪快速囤積，相對減慢被消耗代謝的速度。如果想要更快減去脂肪，千萬不要讓血糖值快速衝到100以上。**想減緩血糖飆升，最簡單的方法就是放慢吃飯速度，將用餐時間延長，最好超過30分鐘，**不讓血糖濃度飆升太快，胰島素就不會快速分泌，對瘦身有幫助喔！

減重時喝咖啡，要加鮮奶還是加奶精？

想喝杯咖啡，卻又不想喝黑咖啡時，**建議用奶精或是豆奶取代鮮乳**，當然，因為奶精的主要成分包括玉米澱粉，小羽並不鼓勵吃奶精，真要加也千萬別加太多喔！不過喝咖啡也別加太多糖、糖漿或奶精，過多的調味品或油脂會使熱量大增。1杯約450cc的黑咖啡熱量僅14卡，加了牛奶的拿鐵咖啡卻大增到211卡。 根據美國最新飲食指南的標準，若我們一天攝取2000卡熱量，糖攝取的上限就是50公克， 其實只要1杯全糖珍珠奶茶（60～70克糖）就已爆表！

運動可以燃燒脂肪？

一聽到「燃燒脂肪」眼睛都亮了!!沒錯，運動時會分泌腎上腺素，而腎上腺素可以讓肌肉細胞直接利用葡萄糖轉換成能量，也促使脂肪細胞提供能量讓身體燃燒脂肪。但如果腎上腺素和胰島素同時在身體裡作用，葡萄糖會快速燃燒，胰島素作用力會下降。這代表的意義是：**吃飯前後做點運動，就能影響胰島素**。如果可以在飯前和飯後30分鐘內做些簡單運動，促使腎上腺素分泌，由於腎上腺素會停留在體內一段時間，血糖自然會被直接送到肌肉細胞消耗掉，胰島素也不至於快速分泌，因此不易囤積脂肪。

飯前飯後做2～3分鐘仰臥起坐或伏地挺身，瘦身效果非常好！

9. 相同的卡路里，不同的食物，對體重產生不同結果

很多人減重時只追求「消耗熱量＞攝取熱量」，但這其實只是一個參考值，你只需要做個簡單實驗，就可以知道相同的卡路里，不同營養來源，是否會對體重會產生不同結果？

我們可以用以下三組實驗來對照：

脂肪組：每天吃下的食物每1000卡路里中有80%來自脂肪。

蛋白質組：每天吃下的食物每1000卡路里中有80%來自於蛋白質。

葡萄糖組：每天吃下的食物每1000卡路里中有80%來自於碳水化合物。

一個月後，哪一組最容易發胖？讓我們繼續看下去……

一個月後……

即使三組每天都攝取相同的1000卡路里，
葡萄糖組會增胖2 kg，脂肪組與蛋白質組反而會瘦1kg！
不相信嗎？馬上親自實驗看看吧！

瘦身時，最需要注意的就是盡量不要讓葡萄糖吸收過多過快，並且提高攝取脂肪和蛋白質的比重，自然就能影響葡萄糖的吸收。此外，影響消化吸收的過程也是控制體重的方法之一。

雖然脂肪的攝取會影響醣類吸收，也不見得是讓你變胖的主因，但若吃得太油膩，還是可能造成其他生理問題。因為身體所有的內分泌、肌肉及內臟組織等都是由蛋白質構成，所以建議大家用餐時先吃蛋白

吃下多少卡路里並不是最重要，重要的是讓什麼東西進入你的血液。

碳水化合物、蛋白質和脂肪*，對於內分泌的影響跟作用都不一樣。*

質及高纖維類食物，一方面增加飽足感，另一方面減少身體對於醣類的吸收，一舉兩得。

此外，每天起床後最好在半小時內進食，如果沒胃口也至少要吃1顆全熟水煮蛋。早上是胰島素分泌的敏感期，所以早餐不要過量，並補充多一點蛋白質，不但不會讓你發胖，還對瘦身有幫助唷！

*用餐時先吃進越多**蛋白質、脂肪和纖維質**，血糖的反應就越小。*

CH2

快瘦、無負擔的飲食習慣

1. 21天蔬食，身體煥然一新！

小羽是蔬食主義者，但不是「素食」喔！也就是說，我吃的東西是以蔬菜類為主也包含蛋奶（俗稱蛋奶素）。很多人都說，因為我吃蔬食所以才會這麼瘦，但其實不全然正確，事實上，小羽因家庭宗教因素，父母也是吃蔬食，但他們卻都是屬於較胖的體態。

相對的，全肉食者也不一定都是胖子啊，所以真的不要誤以為吃肉就會胖，吃菜就會瘦這麼簡單，胖瘦其實跟吃素吃肉沒有絕對關係，但還是要提倡多吃蔬食，因為對身體有太多好處，而且大多數人總是抱持著「無肉不歡」的想法在吃東西。

多數蔬食飽含纖維質（但不是全部），所以有助於排便，沒辦法被身體消化吸收的纖維素，在腸道中就成為清潔工，纖維容易吸附水分滋潤腸道，幫助腸道蠕動讓糞便排出體外。蔬食中所含的纖維質會阻礙醣類與脂肪吸收，對瘦身有很大的幫助，這也是為什麼市售食品都強調補充膳食纖維的原因。

此外，現代人工養殖業為了供應人們的大量需求及降低畜養動物的死亡率、增進其生長率，各種抗生素、生長激素、基因改造廣泛被用在養殖業中，人們長期食用也是文明病越來越普遍的原因之一。事實上，市面上95%以上的肉類都存在這些物質，並且無法透過烹煮消除，被我們吃進體內不斷累積。

相反的，蔬食中雖然含有農藥，但是可以透過正確的清洗與水煮過程後清除，相較之下會比肉類安全。蔬食中所含的蛋白質、脂肪及維生素……等含量也不比肉類少，營養成分甚至更高。如果你真的願意試試三週（21天）完全蔬食，就會發現身體變得非常輕鬆自在，甚至感覺更年輕，好處不單單只是瘦身而已，還有健康逆齡的效果喔！

但是，為什麼有不少蔬食者還是胖胖的，甚至身體毛病一大堆呢？前面提過，如果攝取過量的醣類造成營養過剩，脂肪便開始堆積，循環及代謝力就會下降，在惡性循環之下，身體當然會出問題，只是相較於肉食者，蔬食者的健康警訊會來得比較緩慢。

為了避免細菌及寄生蟲問題，請盡可能吃完全的熟食。尤其是肉品！

2. 戒斷大腦對醣類的依賴

不論是天然還是複合食物，鮮少只包含單一營養素，以黃豆為例，是富含蛋白質的豆類食材，可以製成豆漿、豆花、豆腐、豆干等食物，黃豆本身還含有脂肪、澱粉、纖維及各種維生素，也就是說，天然食材本身就是一種「複合性」的營養組合。

生活中，醣真的無所不在。市售食品為了色香味、飽足感及省成本等考量，多少會添加糖、玉米澱粉或馬鈴薯澱粉等食品添加劑，看看市售的飲品或食品所含成分，會驚訝的發現，一直以為自己喝的是無糖高纖豆漿，裡面竟然還是有含糖！若再加上平日人手一杯的含糖飲料、動不動就來個下午茶蛋糕甜品等，我們其實已經攝取過量的醣而不自覺。

大腦很容易受騙，肚子餓時會感到生氣、沮喪等負面情緒，此時若刻意壓抑飢餓感，反而容易讓意志力潰堤，這也是多數人瘦身功敗垂成或復胖的主因。相反的，當我們飢餓時，就應該進食以「欺騙」大腦：「**我正在補充食物了，別再提醒我囉！**」飢餓感就會慢慢消失了。

至於，飢餓時吃什麼既可瞞騙大腦又不會讓瘦身失敗？我們應該補充以蛋白質為主的食物，而非醣類的主食，讓身體持續處於低醣的環境下，經過一段時間（約兩週左右）後，大腦會漸漸再次習慣較低血糖濃度的平衡，而不會動不動就通知你「好餓好餓，該吃東西囉！」如此一來，身體對於醣的需求降低，代謝自然變好，需要與意志力天人交戰的機會也會越來越少。

事實上，醣類提供身體熱量，也是人體必要的營養素之一，許多重要器官，只能靠葡萄糖供應能量，比方說大腦、心臟等，長期葡萄糖量不足根本活不下去，也容易變得癡呆，無法記憶思考。

當你順利度過克服醣癮的階段，就會開始發現身體代謝變好，人也更有精神活力，此時才算是成功跨越了瘦身的第一個門檻。

3. 外食小資女看過來！自己煮，健康尚青

為了避免吃下過量自己都不清楚的食品添加物，最好的方法就是自己買菜自己煮！

小羽非常推薦大家買自然的食材，自然食材就是完整、未經過加工處理、自然生長的食材。寧可買雞蛋、青菜和蔥花回家煮一碗蛋花湯，也不要買一包沖泡式的即食蛋花湯；寧可買整顆青花菜或毛豆自己清洗、烹煮，也不應該買已經包裝成袋的冷凍青花菜或是冷凍毛豆。

很多外食都強調份量超大、物美價廉，但其實在成本控制下，為了滿足消費者，添加澱粉的比例也特別高，這樣吃下來怎麼可能不胖？

小羽因為工作關係也常常外食，我發現外食最大的問題，往往是大家為了避免浪費，通常會盡量把食物吃光光，但是如果店家提供的份量比較多，你還是把它吃光，長期下來就很容易打破自己原本的食量上限，養成過量飲食的習慣，這點真的需要自我克制。當然，我不是要你浪費食物，而是要明智選擇外食，才是根本之道。

如果下定決心要自己煮，也請慎選調味料！建議大家去看看每一種調味料的成分，你會發現琳瑯滿目的調味料中，充滿了我們所不知道、千奇百怪的添加物，所以盡量選擇「自然單純」的調味料，才不會讓瘦身破功或白忙一場喔！

4. 「6＋1飲食法」解決饞癮問題

在瘦身過程中，我們可能面臨三大心理層面關卡：第一個心理壓力來自於運動，沒有運動習慣的你，剛開始一定會因為肌肉痠痛導致疲勞感而產生怠惰，但疲勞通常可以藉由適度的休息、同儕的鼓勵、事後泡熱水等方式得到紓解。

第二層心理壓力來自於大腦對於血糖濃度敏感慣性的調整，也就是大腦在適應的過程中會不斷產生飢餓感，讓你沮喪難過、憤怒暴躁，偏偏想要宣洩這種壓力的方法就是吃東西。強迫自己不吃所累積的壓力最終會爆炸。此時不是要你挨餓，而是要吃對東西，才能解除飢餓壓力。

最後一層心理壓力來自於對美食的滿足欲望，也就是「饞癮」，以下提供大家「6＋1飲食法」，適度滿足你對美食的渴望。

準備開始進行6＋1飲食法前，先來複習一下健康的飲食法：

- ☑ 少碰精緻澱粉類食物、甜食及水果。
- ☑ 少喝含糖飲料、手搖杯及牛奶。
- ☑ 多吃青菜，最好以蔬食為主。
- ☑ 多補充蛋白質，蔬食者多吃豆類食物。
- ☑ 餐餐八分飽。
- ☑ 進食順序：湯→蔬菜→蛋白質&脂肪→澱粉。
- ☑ 細嚼慢嚥。
- ☑ 盡量自己烹調天然食材。
- ☑ 飢餓時補充蛋白質或蔬菜。
- ☑ 飯前飯後30分鐘做點運動。

6＋1飲食法顧名思義，就是在一週7天內，有6天遵照上述健康飲食法，剩下那天，隨便你愛怎麼吃就怎麼吃吧，就是這麼簡單！

愛怎麼吃就怎吃?!你說真的嗎？

連續施行6天健康飲食後，接下來這一天就是要讓自己痛快吃無須忌口，不要把遺憾留到第二天，我們稱這一天是你的「快樂日」。唯一的限制就是，這一天必須要固定在每週的某一天，而且從第二天開始，就要馬上回到原本的健康飲食法喔！

小羽有一個粉絲選擇把每週六當作快樂日，盡量把所有親友的聚餐都排在這一天，如果當天沒有聚會，也會自己安排，把想吃的東西統統吃過一輪才甘心，「自從有了這個快樂日，瘦身不再覺得特別辛苦，而且奇妙的是，我漸漸不再像以往那樣無法抗拒這類美食，對於糖分的依賴也越來越低，**過一陣子後，甚至感覺自己似乎不需要這一天的放縱了！**」

沒錯，這就是快樂日的神奇效果！當所有的壓力經過適度宣洩，就不會造成毀滅性的災難，也由於身體對於慣性的養成需要兩週以上，所以一天的放縱並不至於破壞習慣，而且只要經過幾天的健康飲食之後，身體的所有數據都會回到正常值，其實一點都不需要擔心。

遠離Facebook上愛貼美食照的朋友動態，有助於你的瘦身大計喔！

或許有人會問，那5＋2可以嗎？一天感覺不夠「快樂」，就讓我放縱兩天吧！許多朋友會針對快樂日開始討價還價起來。

其實5＋2也並非不可，只是重新犯醣癮的風險非常高！破壞身體慣性是需要時間的，當我們在放縱吃喝的同時，並不代表血糖值不會飆高、脂肪不會堆積、身體不會起變化，只是當我們第二天開始又恢復健康飲食法後，由於身體還處於血糖濃度慣性下降的趨勢反應，所以對於飢餓較不敏感，你不會因為某一天的放縱，而導致第二天開始特別飢餓，而昨天過剩的營養所產生的脂肪堆積，也會順利地在接下來的幾天被利用代謝掉，所以不會影響瘦身大計。

如果將快樂日增加為兩天，而且是連續兩天，只要稍有不慎，就會犯醣癮，反而讓你更加依賴醣類，這對瘦身過程來說是一大危機。另外，過剩的營養所產生的脂肪堆積，並不會那麼快在兩、三天內就被消滅，身體還是需要消耗過去累積的過剩營養，不但對瘦身不利，時

瘦身兩大關鍵：飲食控制（70%）＋運動（30%）
瘦身兩大魔王：飢餓＋醣癮（美食誘惑）
解除飢餓感：吃對的東西
克服醣癮：6＋1飲食法

間也會拉得比較久，一不小心就會回復到原本的狀態，所以還是建議大家採用6＋1飲食法。

當然也有人問：「我可以完完全全不需要快樂日嗎？」當然可以啊！如果你不需要這一天來解饞消除醣癮，瘦身效果肯定比較快，你甚至還不算是有醣癮的人（雖然這種情形在厚片人中並不常見），但前提是絕不能強忍對抗醣癮。

最怕遇到表面上說不需要放縱日，但事實上每天都會加減碰一些醣類食物，還會給自己找理由：「只吃一點點，份量又不多應該沒影響吧?!」其實這樣的心態才是瘦身大敵。

記錄你的欲望美食清單

接下來，請記錄你想吃的美食，只要看到或想到任何一樣，就一樣一樣列出來。如果連續兩天或想了好幾天都很想吃，記得在那樣食物上畫個正字以示自己「迫切地」想吃。

記錄下來後，就會滿心期待快樂日到來。是的！你沒聽錯，小羽並沒有要你記錄每天吃的東西，相反的，只需記錄特別想吃卻不能馬上吃的「罪惡美食」，並且在快樂日當天，每吃掉一項就把它劃掉，象徵欲望一一被滿足，直到覺得心滿意足為止，就像行事曆上的「待辦事項」一樣，需要一一處理、解決。如此一來，瘦身過程會充滿期待又有樂趣。

*再次提醒，**快樂日要固定在一週內的同一天喔！**不要自己隨意調整成一下在週二，一下在週三，這樣會讓大腦好不容易養成的慣性瓦解喔！*

怎麼辦？
放縱一天大吃大喝，體重會不會回不去？

剛實施6＋1飲食法的人，對於醣類的依賴其實還是很高，想吃的東西也特別多，美食清單通常滿滿一長串！好不容易一飽美食後，第二天早上站上磅秤，立馬崩潰……

「救命啊，我好不容易在前六天減下來的體重跟體脂肪率，怎麼才一天就回到原本的數字了，甚至還超過?!」（驚）
「天啊，我是不是吃太多垃圾食物了？」（淚）
「OMG，這樣放縱一天真的可以嗎？」（眼神死）
「昨日的快樂消失在今天的磅秤上！」（趴）

很多人在一開始實施6＋1飲食法時常常會遇到這樣的疑問，放縱總是要付出代價的，別擔心，只要繼續控制飲食，過兩天一切又會回到軌道上了。

CH3

小資輕健身！
隨處都是健身器材

重訓讓肌肉越練越難瘦

前面章節有提到，肌肉經過鍛鍊之後會增大，尤其是先天肌纖維密度較高的部位，再加上一層皮下脂肪，就更顯壯碩了。

即便身材練得很好的人，每個人的肌肉明不明顯，也會因為皮下脂肪多寡而有差異，皮下脂肪多的人，就算肌肉再怎麼大塊也顯現不出來，所以，若想讓肌肉明顯，卻不想讓自己看起來像金剛芭比，就一定要瘦身，靠飲食控制減少皮下脂肪堆積，才是最實在的辦法。

很多女生會去健身房做重訓減重，雖然體脂肪下降了，但同時也把肌肉練壯了，體態卻不如自己原本期望的勻稱輕盈，尤其很多人明明就是想瘦腿，卻一直加重腿部訓練，反而把腿部肌肉越練越發達，腿越練越粗。

想要瘦肌肉，盡量不要去動它就對了！
想要讓肌肉線條好看，拉筋準沒錯！

腿部承擔我們全身的體重跟力量，是肌肉發達且最容易顯得壯碩的部位，所以，越胖的人通常腿部肌肉也越發達。想要瘦腿，第一件事就是先控制好飲食，讓體重下降，體重減輕後不僅僅皮下脂肪減少，肌肉負擔也會減輕，腿自然就能瘦！但是有些人明明已經瘦瘦的，為什麼腿卻還是很粗壯？這種情況八成是基因導致小腿肌肉纖維比其他人發達，如果不想讓它再繼續壯大下去，那就盡量別去鍛鍊腿部吧。

要如何避免鍛鍊到腿部呢？日常生活中其實很難避免腿部動作，但是當你選擇運動時，能坐著運動就不要站著，能躺著就盡量躺著！沒錯！躺著運動不但能鍛鍊核心肌群，卻不會鍛鍊到腿部肌肉。此外就是拉筋，拉筋可以拉長肌肉纖維，讓體態看起來更纖細。

此外，在開始運動前，請記得暖身，可先翻到第136頁參考暖身動作示範。

1 瘦 腿 運 動

伸展運動最重要的就是動作放慢、呼吸和緩，要有拉緊的感覺，千萬不要操之過急喔！以下動作都是重複12下左右。

雙腳開合

1 雙腳併攏平躺靠牆

2 腿打直慢慢伸展到最大

連續動作請
連結影片

3 雙腳再緩緩併攏、伸展。慢慢收回到原點

單腳抬起

側腰部很容易堆積脂肪，利用側面平板支撐可以同時鍛鍊側腰及手臂，但要視每個人的能力調整。注意，因為會鍛鍊到腹肌跟手臂肌肉，如果對鍛鍊肌肉有疑慮，還是用前面示範的基本款就可以囉！

1 側躺，以手臂支撐上半身

2 單腿慢慢抬至最高點

連續動作請
連結影片

3

也可利用側面平板支撐加強鍛鍊

4

腰部盡量打直，
腿部盡量抬高

Tips:
步驟3～4加強版還可以同時鍛鍊腹部跟手臂，右邊做完記得換左邊喔！

錯誤示範

單腳畫圓

1 側躺，以手臂支撐上半身

2 單腳抬起，慢慢向前畫圓

3 單腳畫圓慢慢抬高

4 單腳抬到圓弧最高點後
再慢慢向後畫圓

5 此動作同樣可以使用側面平板
支撐做加強版動作

Tips:
畫圓就是讓環大腿四周
都能伸展到，別忘了左
邊做完換右邊喔！

錯誤示範

單腳弓起

1 側躺，以手臂支撐上半身

2 將一腳弓起
在另一腳後方

可以鍛鍊到大腿內側肌肉

3 盡量將另一腳往上
抬至最高後放下

連續動作請
連結影片

4 此動作同樣可以使用側面平板支撐做加強版動作

錯誤示範

腳未伸直

站立深蹲

想要瘦大腿脂肪兼鍛鍊大腿肌力嗎？站立深蹲可以同時兼具兩種功能。但是由於會鍛鍊到肌肉，較適合想要擁有「蜜大腿」跟「翹臀珍」的水水喔！

1 全身放輕鬆站立

2 雙手交握，
右腳向右跨步蹲下

3 蹲下後站起，
右腳收回雙手放下

連續動作請
連結影片

4 雙手交握，
左腳向左跨步蹲下

5 蹲下後站起，
左腳收回雙手放下

Tips:
這樣一組動作是一個循環，請重複做8個循環喔！

錯誤示範

蹲下膝蓋角度
小於90度

站立馬步

連續動作請
連結影片

1 放輕鬆站立，雙手叉腰

2 左腳向後，右腳馬步蹲下，
上半身保持挺直

3 蹲下後左腳收回站起，
右腳重複動作1～2：
左腳馬步蹲下，蹲下後
站起。

錯誤示範

蹲下膝蓋小於
90度

Tips:
這樣一組動作是一個循環，請重複做8個循環喔！

單腳瘦小腿

連續動作請
連結影片

1 透過勾腳的動作延展小腿肌，
小腿肌肉要有瘦瘦拉緊的感覺

2 盤單腿勾腳，拉住腳趾，
腳底板保持向上頂，
慢慢讓整條腿都有拉伸的感覺

Tips:
拉完左腳換右腳。想瘦小腿一定要天天伸展小腿肌肉15～20分鐘喔。平常避免跑跳等動作，最好盡量不要穿高跟鞋。

✕
錯誤示範

雙腳瘦小腿

1 坐姿，雙腳併攏
腳底板上勾

2 雙手向上伸展

連續動作請
連結影片

3 上半身慢慢往下往前彎
至腳踝平行處

4 抓住腳底板，臉慢慢貼近膝蓋維持30秒

Tips:
全程記得都要勾腳喔！
若柔軟度不夠，可盡量
抓住腳趾就好。

錯誤示範

接下來，小羽要介紹幾種「無器材」健身運動，也就是不需要花錢花時間上健身房，利用身邊隨處可見、可取得的東西，如：礦泉水、毛巾、椅子、地板、階梯、牆壁……便能達到非常有效的運動＋輕健身效果。尤其是礦泉水及椅子，更能方便上班族小資女，利用空檔時間動一動，邊上班邊健身。

*想瘦腿部肌肉，麻煩***先瘦體重***！若只想瘦小腿，站立動作會比較不適合，建議採臥式及躺式拉筋或鍛鍊核心就好。*

2 礦泉水健身

用礦泉水當健身器材的最大好處是：隨處可得！若想增加一點運動時的強度，只需要用礦泉水取代啞鈴，既不會太吃力，更是小資女最經濟的選擇。

礦泉水平舉 瘦手臂

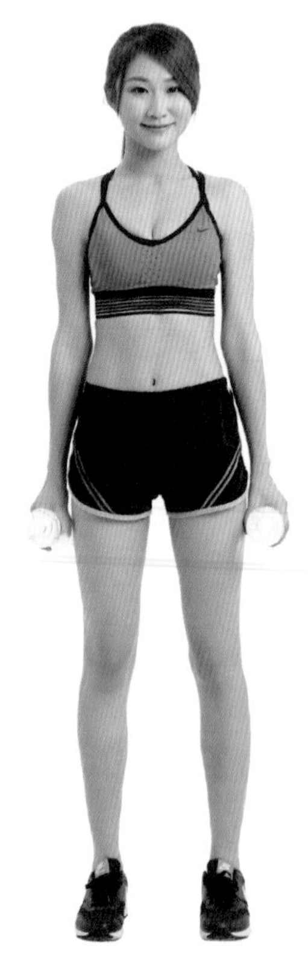

1 雙手自然下垂

2 雙手往前平舉靜止2秒

連續動作請
連結影片

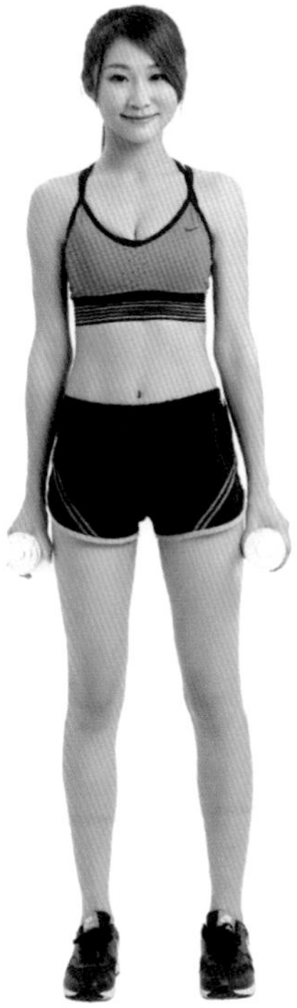

3 接著將雙手自然放下

4 雙手向兩側平舉，停止2秒後再放下

礦泉水後舉 瘦手臂

連續動作請
連結影片

1 雙手自然垂直
放於腦後

上半身打直

2 將瓶裝水向上舉起，
手臂伸直

3 重複上述動作，
雙手再自然垂直放於腦
後，手臂伸直向上舉

✕ 錯誤示範

雙手沒有伸
直向上舉

Tips:
這個動作在辦公室也能做。以20秒為一組動作，休息10秒再來一次，共做8次。

坐舉交換手

瘦小腹

連續動作請
連結影片

1 坐於地上，雙腳不著地

2 右手將礦泉水
繞過腿部交給左手

3 左手在胸口前，
將礦泉水交給右手

Tips:
以20秒為一組動作，
休息10秒再來一次，
共做8次。

坐臥腳舉

瘦小腹、大腿緊實

1 利用雙腳夾住礦泉水

2 將礦泉水抬離地面
順時鐘畫圓

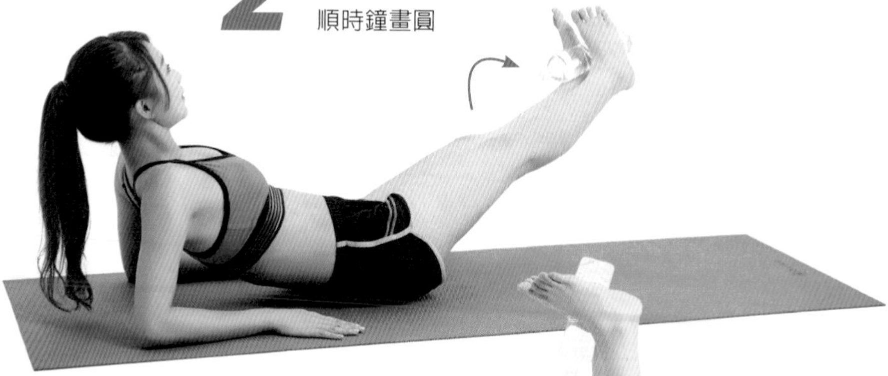

3 雙腳畫圓時
抬至最高點

連續動作請
連結影片

4 雙腳繼續畫圓

5 雙腳回到原點不著地

Tips:
以20秒為一組動作，
休息10秒再來一次，
共做8次。

錯誤示範

雙腳未伸直

半蹲甩壺鈴

強化腿部肌肉、臀部緊實、瘦手臂

1 半蹲，以四加侖裝礦泉水充當壺鈴雙手提舉

2 利用腰力將壺鈴向上甩起，身體微微站起

3 身體隨著擺動，將壺鈴甩向雙腳之間並微微蹲下

連續動作請
連結影片

4 再利用腰力將它甩起

請注意，因水瓶較重，
錯誤動作易導致受傷！

錯誤示範

手甩過高
超過肩膀

3 椅子健身

每天坐辦公室的小資女常抱怨沒錢沒時間去健身房，其實，光靠一張椅子就可以完成許多輕度鍛鍊了，利用椅子健身最大的好處就是：不會讓大腿或小腿變粗，非常適合女生做喔！

雙腳打水 瘦小腹、大腿緊實

連續動作請
連結影片

1 背部離開椅背，
雙腳舉起

Tips:
以20秒為一組動作，
休息10秒再來一次，
共做8次。

2 以打水方式開始踢腿動作

3 打水時腿盡量伸直，
雙手可以抓在椅側幫助身體固定

屈膝收腹 瘦小腹

連續動作請
連結影片

1 雙手抱頭，雙腳與地面平行

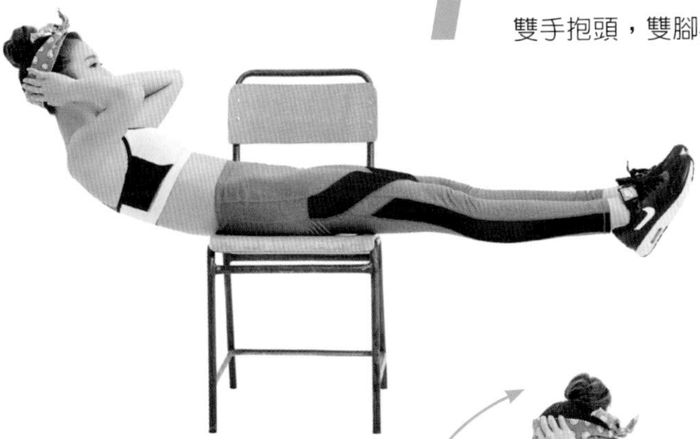

2 運用腰力將雙腳抬起，
膝蓋盡量碰到頭部附近

3 雙腳再慢慢放下

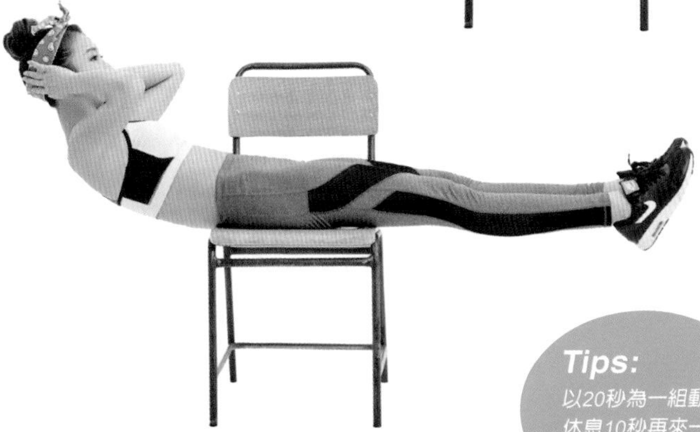

Tips:
以20秒為一組動作，
休息10秒再來一次，
共做8次。

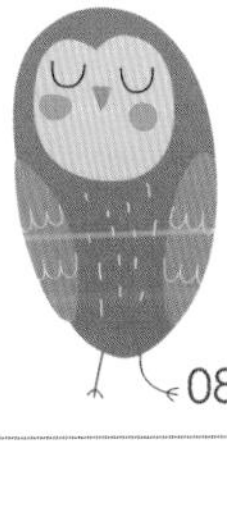

椅子花式動作 1　瘦小腹、大腿緊實

連續動作請
連結影片

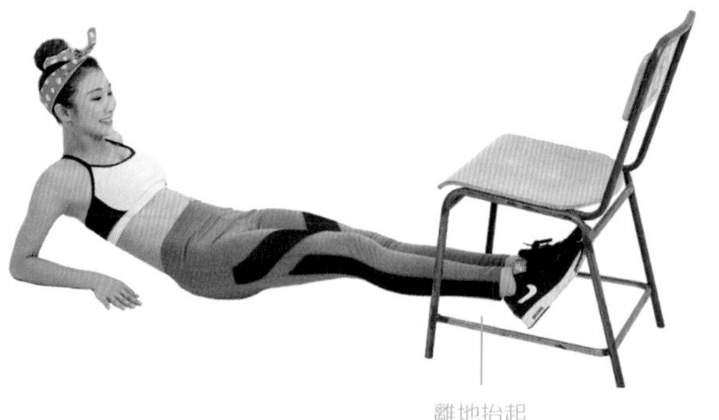

1 坐在地上，雙腳併攏放在椅腳中央微微離地抬起

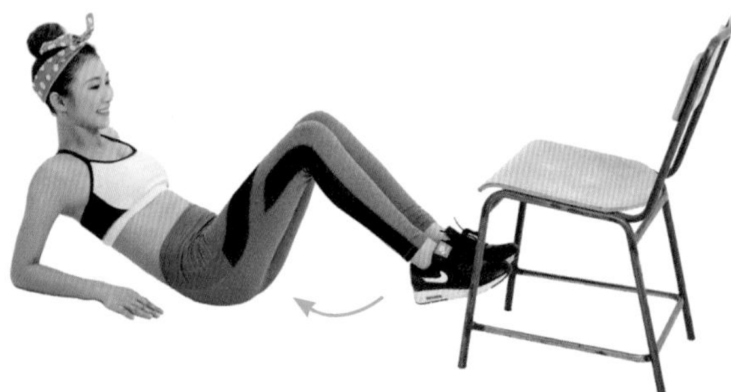

2 收起雙腳離開椅腳中央

3 收起雙腳後準備向兩側張開

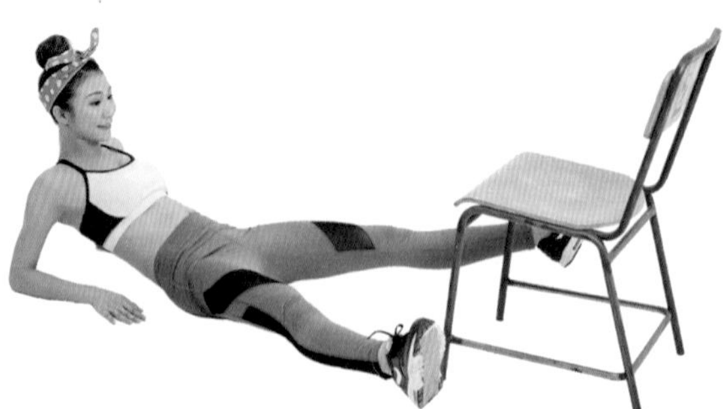

4 雙腳張開踢向椅子兩側

Tips:
以20秒為一組動作，休息10秒再來一次，共做8次。

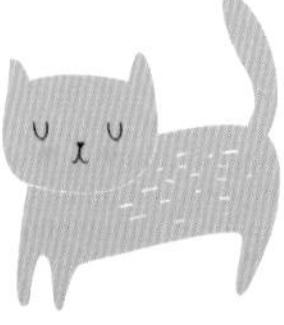

椅子花式動作 2　瘦小腹、瘦腰

連續動作請
連結影片

1 雙腿伸直併攏，
置於椅子一側

2 雙腿向著椅子畫圓
至椅子另一側

3 畫圖底後停留3秒，再往反方向畫圓，
回到原點時雙腳仍騰空可別放在地上喔！

椅子花式動作 3

瘦小腹、大腿緊實

連續動作請
連結影片

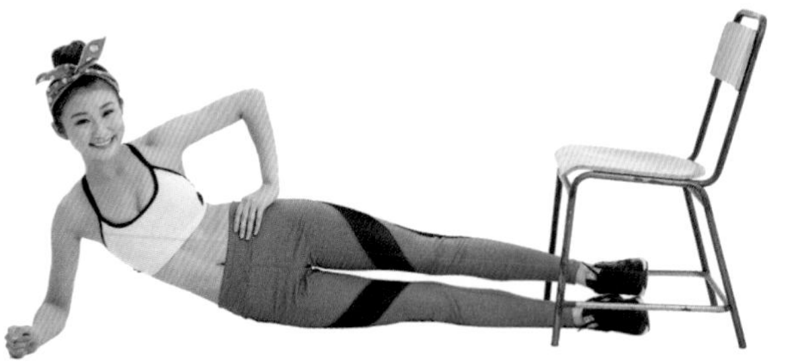

1 側躺，雙腿伸直
併攏於椅下

2 上方腳朝
椅子上方踢出

3 上方腳收起，兩腳併攏

4 雙腳回到原處，
以上動作完成後別
忘了換邊做喔！

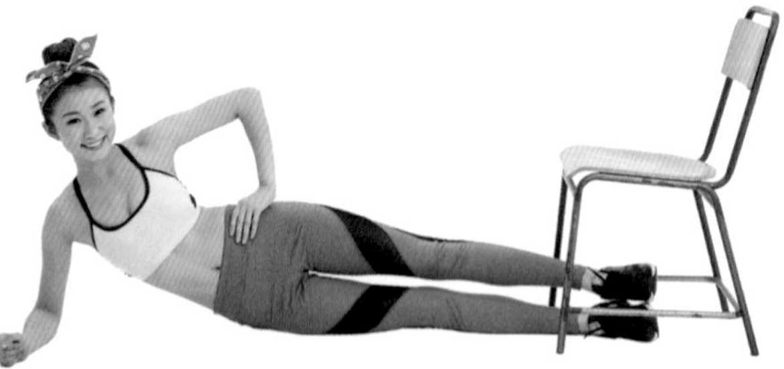

Tips:
以20秒為一組動作，休息10秒再來一次，共做8次。

椅子花式動作 4 瘦腰、大腿緊實

連續動作請
連結影片

1 雙腿交叉，
上方腳置於椅子外側

2 上方腳沿著椅子畫圓
至椅子另一側

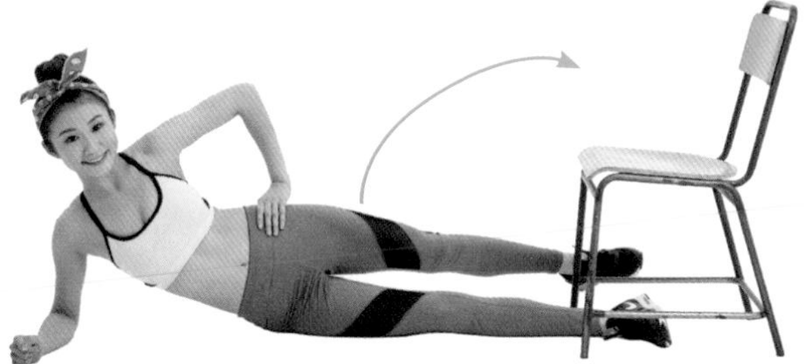

3 畫到底後停留3秒
再往反方向畫圓

4 腳回到原點時
可別放在地上喔！

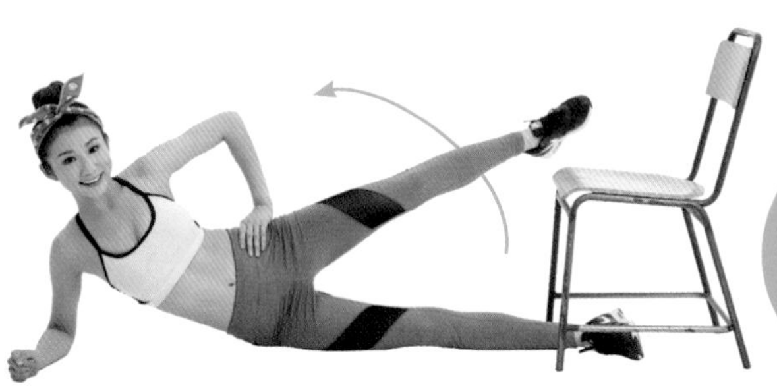

Tips:
以20秒為一組動作，休息10秒再來一次，共做8次。

椅子花式動作 5 臀部緊實

連續動作請
連結影片

1 雙手撐於椅子上

2 右腳向前大跨步

3 回到原處

4 左腳向前大跨步

Tips:
以20秒為一組動作，休息10秒再來一次，共做8次。

椅子花式動作 6

瘦小腹、大腿緊實

連續動作請
連結影片

1 雙手支撐於椅上，
雙腿伸直

Tips:
以20秒為一組動作，
休息10秒再來一次，
共做8次。

2 右腳向上伸直
抬至最高點

3 右腳放下
回到原地

利用椅子與瑜伽墊做的運動，都非常適合女生，尤其許多類似的動作，利用椅子會比在地板上做較為緩和。

4 左腳向上伸直
抬至最高點

4 地板健身

小羽很建議各位小資女能買個瑜伽墊，因為如果在過硬的地板上運動，十分容易讓壓在地板上的腿部、手部或臀部的血液循環不良，當然，如果是在較柔軟或有彈性的地板上，就可以不需要瑜伽墊。而且，躺著或坐著的運動，比較不容易讓腿部變粗喔！

雙腳畫三角形 瘦小腹、大腿緊實

連續動作請
連結影片

3

雙腳由三角形頂點分別往下斜開至下方，
將腳張開到最大

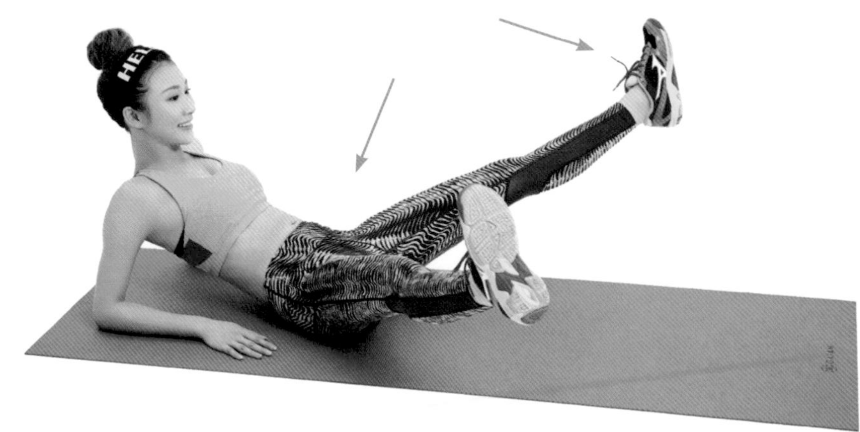

4

雙腳再併攏準備向上
抬至三角形頂點

Tips:
以20秒為一組動作，
休息10秒再來一次，
共做8次。

雙腳畫正方形

瘦小腹、大腿緊實

1 坐在地板上，
雙腳伸直併攏，向上抬起

2 雙腳向上抬至最高點，
準備畫正方形

3 雙腳在最高處往兩側張開

連續動作請
連結影片

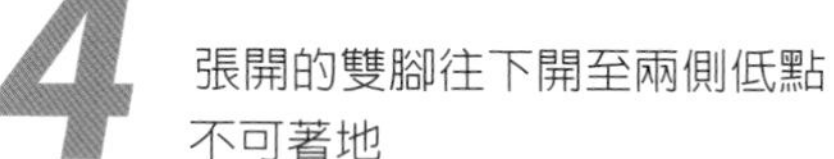

4 張開的雙腳往下開至兩側低點，不可著地

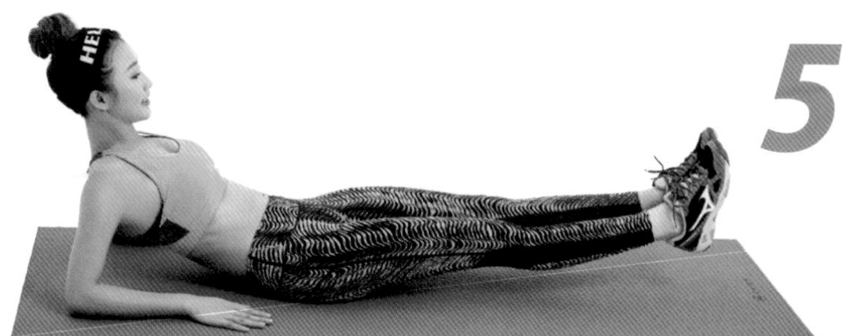

5 雙腳併攏

6 雙腳併攏後再向上舉到最高

Tips:

以20秒為一組動作，休息10秒再來一次，共做8次。

雙腳畫圓

瘦小腹、大腿緊實、瘦腰

1 坐在地板上，雙腳伸直併攏

2 雙腳向上舉，
同時向一側畫圓

3 雙腳畫圓向上抬至最高點

連續動作請
連結影片

4 雙腳向另一側畫圓向下

Tips:
重複以上動作，記得輪流換邊畫圓。
以20秒為一組動作，休息10秒再來一次，共做8次。

5 雙腳併攏畫圓至最低點

地板動作也可以兩人一起做，運動有伴會更有動力，如果將遊戲帶入健身運動中，則會更有樂趣喔！例如，用雙腳玩腳猜拳遊戲：雙腳交叉是剪刀、併攏是石頭，張開是布，一回合玩30秒，很適合夫妻、情侶或親子，能健身又能同樂。「預備……起！剪刀、石頭、布！」

四肢著地交換手

瘦小腹、瘦腰、瘦手臂

連續動作請
連結影片

1 雙手撐地身體拱起

2 右手摸左腳外側

3 回到原處

4 左手摸右腳外側

Tips:
以20秒為一組動作，休息10秒再來一次，共做8次。

四肢著地向前跨

瘦小腹、臀部緊實

連續動作請
連結影片

1 雙手撐地，身體拱起

2 右腳往前跨到右手位置

3 回到原處

4 左腳往前跨到左手位置後
回到原處

雙腳弓起拍掌

瘦小腹、大腿緊實

1 坐在瑜伽墊上，腹部用力，雙腳離地

2 利用腹部的力量雙腳弓起向內收，雙手在下方拍掌

連續動作請
連結影片

3 雙手張開，雙腳騰空向前伸直，勿著地

Tips:
以20秒為一組動作，
休息10秒再來一次，
共做8次。

4 雙腳再弓起向內收，雙手在下方拍掌

以上所有瑜伽墊上的地板運動既不會讓你的腿部肌肉變強壯，又有拉筋效果，是最適合水水們的運動喔！

5 階梯健身

無論室內或室外，階梯也是隨處可用的健身器材，只不過擔心腿會粗壯的水水們，就盡量不要在階梯上爬上爬下喔！至於男性朋友若想鍛鍊下半身肌力，就一定要靠階梯輔助囉！

原地踩踏 鍛鍊腿部肌力

1 雙手叉腰，面對階梯

2 踩上階梯

連續動作請
連結影片

3

雙腳同時站在階梯上

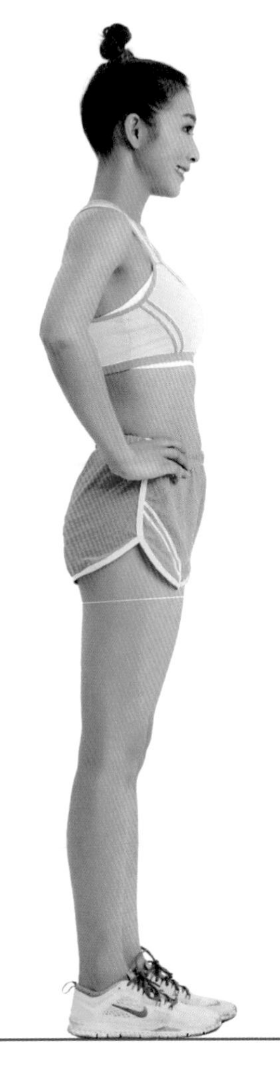

4

身體仍面向前，
腳往後退踩下階梯，
站回原地

Tips:
以20秒為一組動作，
休息10秒再來一次，
共做8次。

前後踩踏 鍛鍊腿部肌力

1 第一個動作同上步驟1、2，踩上階梯

2 向前踩下階梯

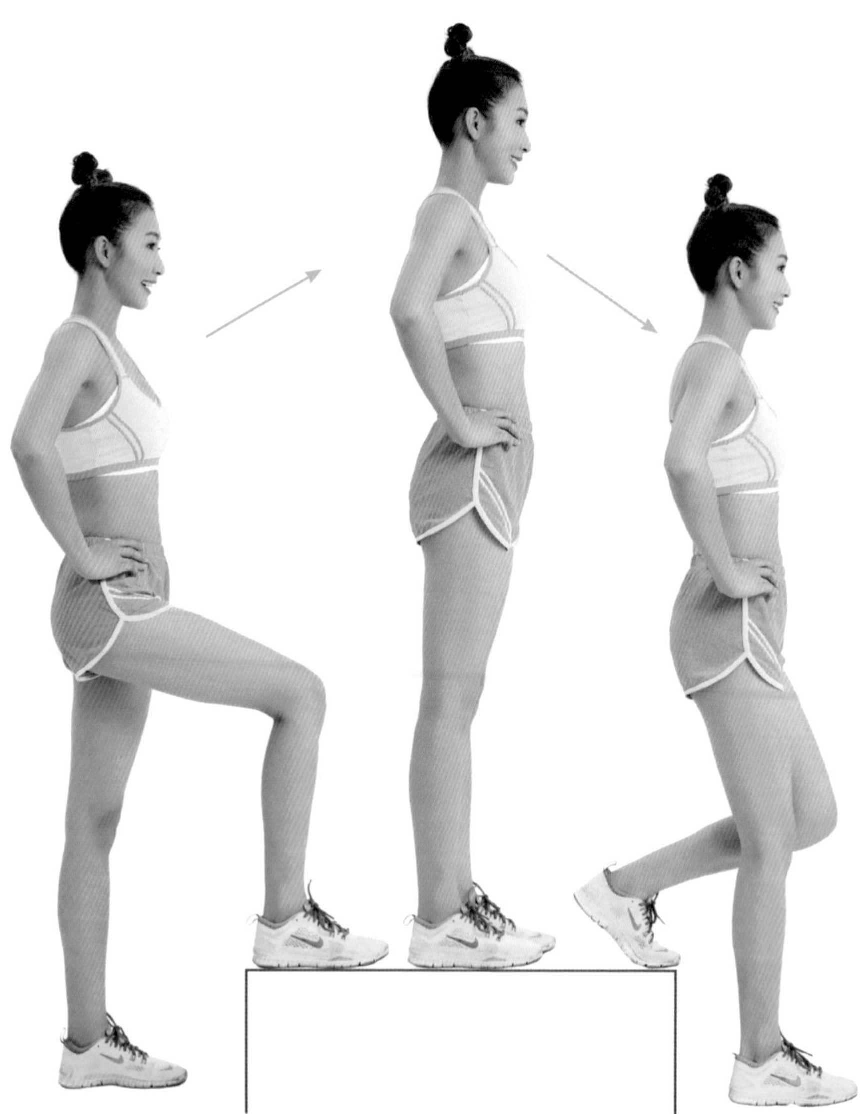

連續動作請
連結影片

3 身體仍面向前，
腳往後踩上階梯

4 後退一步站上階梯

5 再後退一步下階梯

腳往前往後踩鍛鍊到
的肌群不一樣喔！

Tips:
以20秒為一組動作，
休息10秒再來一次，
共做8次。

左右跨步

鍛鍊腿部肌力

連續動作請
連結影片

1 雙手叉腰，
站在階梯的側邊

2 面向前，
左跨步上階梯

3 面向前，
左側步下階梯

4 反方向
重複以上動作

Tips:
以20秒為一組動作，
休息10秒再來一次，
共做8次。

快速前後跨步 鍛鍊腿部肌力

連續動作請連結影片

1 找一個適合小跨步的階梯，快速跑上一階

2 雙腳站上第一階後，再快速下階梯

3 身體仍面向前，往後小跨步回到原點

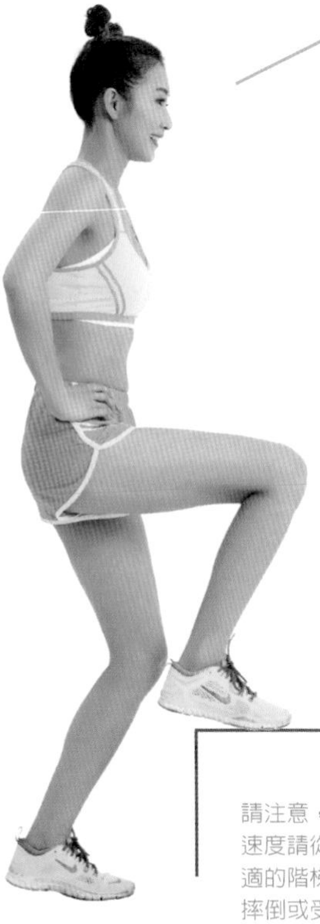

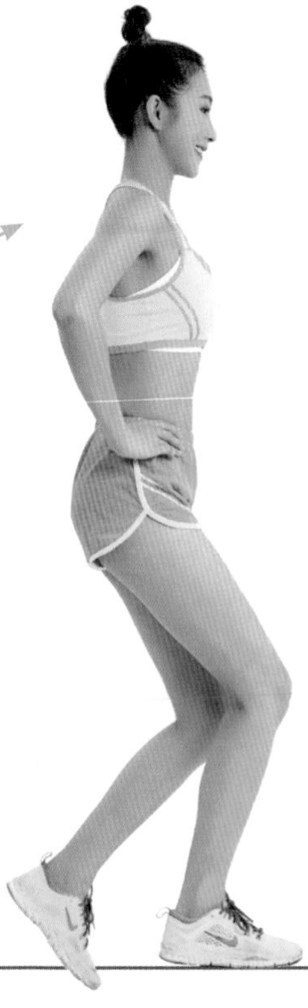

請注意，此動作會鍛鍊到大腿的肌力，速度請從慢到快適度調整。記得找到合適的階梯再做，過窄或過高的階梯容易摔倒或受傷喔！

Tips:
以20秒為一組動作，休息10秒再來一次，共做8次。

6 牆壁健身

牆壁跟階梯一樣到處都有，隨處可利用，但同樣的，如果擔心腿會粗粗的水水們，可以跳過以下第一組動作，男性朋友們倒是不妨多練喔！

靠牆深蹲 鍛鍊腿部肌力、核心肌群

連續動作請連結影片

1 身體與牆面平行背靠在牆上，利用背部與腿部的力量支撐慢慢坐下

想像正後方有一張椅子，背部緊貼牆壁，膝蓋維持90度，身體不要歪斜

錯誤示範

身體前傾，背部未完全貼住牆壁

膝蓋沒有彎到90度

Tips:
以20秒為一組動作，休息10秒再來一次，共做8次。

面牆拉筋 小腿伸展

連續動作請
連結影片

1 面對牆壁勾起腳尖，
將腳底靠在牆上

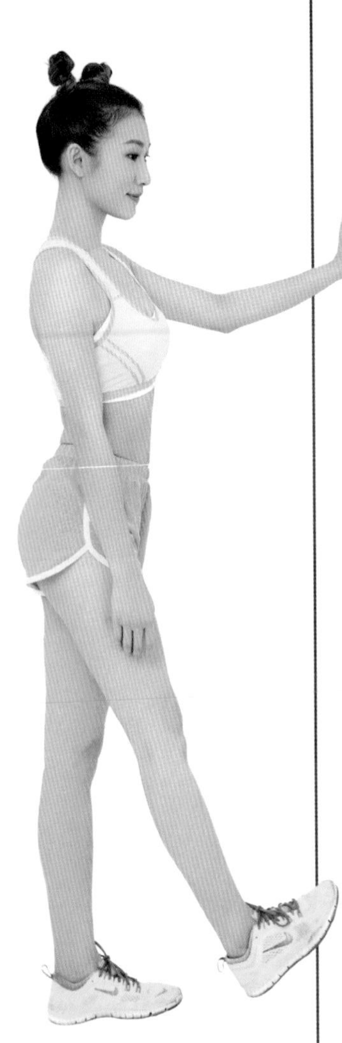

利用身體的力量往
牆壁上壓，要有拉
到後腳筋的感覺

Tips:
以20秒為一組動作，
休息10秒再來一次，
共做8次。

面牆倒立移步

鍛鍊核心肌群（上半身肌力）

1 背對牆蹲下，
身體與牆面距離約1公尺

2 雙手支撐倒立

左腳也重複此動作。請注意，此動作會鍛鍊到上半身的肌力喔！

連續動作請
連結影片

向上移步

3 右腳帶動身體，
向下移步到起點

向下移步

4 右腳帶動身體，
再向上移步回到高點

Tips:
以20秒為一組動作，
休息10秒再來一次，
共做8次。

面牆倒立開合跳

鍛鍊核心肌群（上半身肌力）

1 同上倒立準備動作，雙腳併攏

2 雙腳同時向外打開

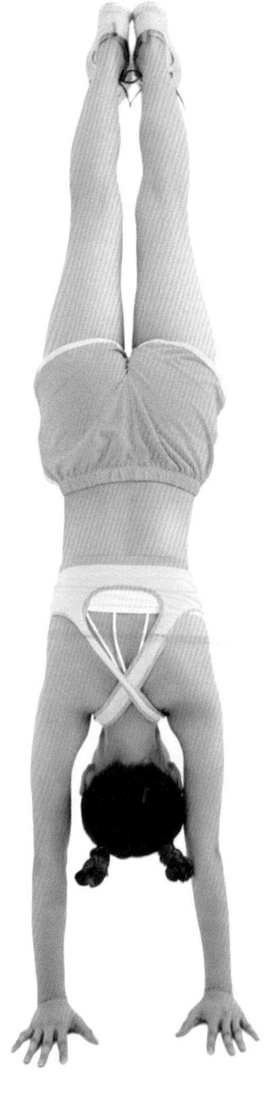

連續動作請
連結影片

3 雙腳打開後往中間跳回併攏

這個動作同樣也會鍛鍊到上半身的肌力，請盡量緩慢進行，小心失去重心而跌倒！

Tips:
以20秒為一組動作，
休息10秒再來一次，
共做8次。

毛巾健身

利用毛巾當作健身道具時，其實就是用身體的阻力來牽引，可收可放較不容易受傷，所以毛巾健身也是小資女最好的選擇之一。

向上拉舉 瘦手臂

1 找一條較長的運動毛巾，雙手握住兩端用力拉直

2 拉直後慢慢向上抬起

連續動作請
連結影片

3 抬到最高點後再微微
高舉過頭頂向後方拉

4 慢慢往前放下，
回到原點

Tips:
以20秒為一組動作，
休息10秒再來一次，
共做8次。

在頭頂向後拉的時候，
可視個人情況多停留
幾秒再放下

左右轉體　瘦手臂、瘦腰

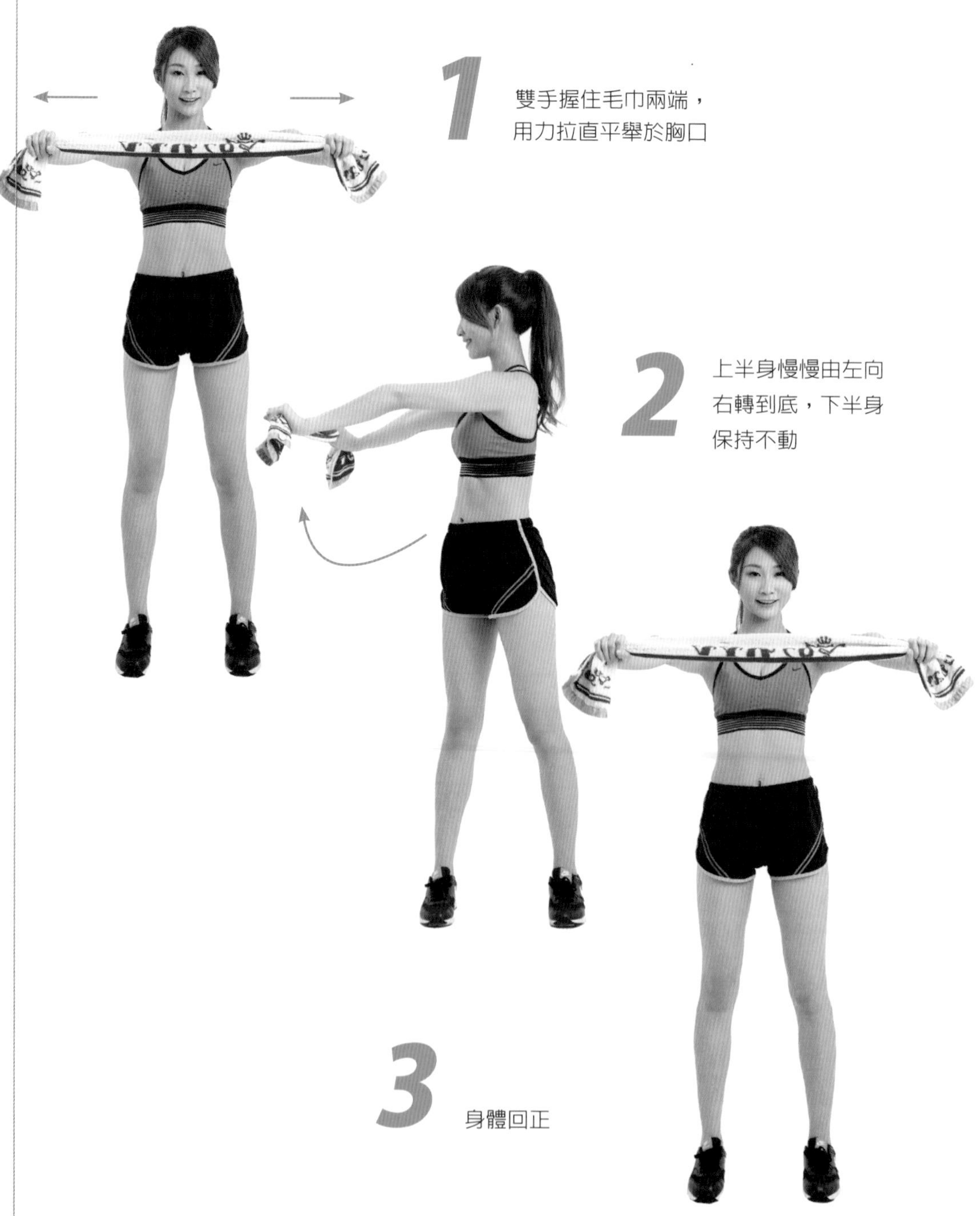

1 雙手握住毛巾兩端，用力拉直平舉於胸口

2 上半身慢慢由左向右轉到底，下半身保持不動

3 身體回正

連續動作請
連結影片

4 上半身慢慢由右向左轉到底，
下半身保持不動

上半身側轉到底時，
可視個人情況多停留
幾秒再轉回來

5 再回到原點

Tips:
以20秒為一組動作，
休息10秒再來一次，
共做8次。

背後拉舉

瘦手臂、瘦後臂、鍛鍊背肌

連續動作請
連結影片

1 雙手握住毛巾兩端，
高舉用力拉直

2 拉直後慢慢在背後
向下拉到底

Tips:
以20秒為一組動作，
休息10秒再來一次，
共做8次。

上下位拉舉

瘦手臂、瘦後臂、鍛鍊背肌

連續動作請連結影片

1 左手下右手上，在背後拉直毛巾

2 右手向上拉到頂點後約停**5**秒放下

手伸直

3 換手重複以上動作

此動作可視個人情況調整停留在頂點時間

Tips:
以20秒為一組動作，休息10秒再來一次，共做8次。

勾膝起身

瘦手臂、瘦小腹

連續動作請
連結影片

1 用毛巾勾住雙腳膝蓋下方

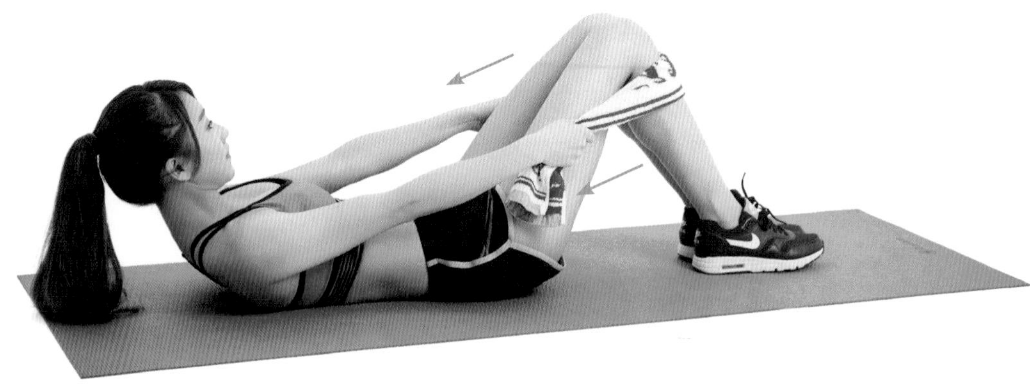

2 用手臂的力量協助
上半身坐起

此動作藉由毛巾協助腰椎及背部用力，適合年紀較長或核心肌力不足的朋友。

Tips:
以20秒為一組動作，休息10秒再來一次，共做8次。

8. TABATA間歇運動

什麼是TABATA間歇運動？真的只需要做4分鐘就有效果？

TABATA是由日本大學教授所提出的高效率訓練法，ta-ba-ta的發音是這位教授日文姓氏「**田畑**」的羅馬拼音。這位教授在經過多次研究與實驗後發現，以這種方式訓練，運動員的心肺功能及身體素質的提升速度遠高於一般的訓練方法，TABATA因此而大受歡迎。

TABATA其實跟HIIT高強度間歇運動（High-Intensity Interval Training）很像，差別在於HIIT比TABATA更激烈，兩種都算是間歇運動。小資族不需要上健身房，在家也能徒手訓練，強度還可依自身狀況調整，重點是不會練出精壯大肌肉！至於，這種運動方式到底為什麼會讓人在短時間內爆汗呢？

TABATA意即「間歇運動」＝運動＋休息
一組動作20秒＋休息10秒（總共30秒）
共做8種動作，時間剛好是短短4分鐘！

如果讓你選擇進行30分鐘的有氧運動＋30分鐘的重量訓練，或只花4分鐘就能達到運動1小時燃脂＋增肌效果的運動，我想你一定會選擇後者。事實上，TABATA是一種結合「有氧」心肺與「無氧」肌力的全身性運動，也是在短時間用全力專注衝刺的運動，所以可以達到一般運動1小時的效果，因為TABATA兼具無氧和有氧的功能，強度也較一般傳統有氧運動來得強。

做完TABATA後通常會非常喘，而且開始大爆汗，因為它讓你在運動完後身體還是持續燃燒脂肪且維持1小時以上！是CP值相當高的運動。不僅能提升新陳代謝率，更有助於消耗更多熱量。

既然TABATA標榜只要4分鐘就有效果，那我們幹嘛還要跑步或做其他運動？小羽提醒大家，**TABATA間歇運動絕對不是單做一組4分鐘就有用**，加上坊間的TABATA為了鼓勵不常運動的初學者嘗試，也大多設計成難度較低、強度較弱的動作。所以，如果你是做4分鐘的TABATA，可以隔1～3分鐘後繼續再做一組，但是千萬不要間隔太久甚至超過10分鐘，或是分早午晚三次進行，間隔太久就達不到效果喔！

為了方便搭配TABATA訓練，可以下載免費的計時APP例如Timer等，提醒自己動作與休息。當然，也可以依照個人習慣搜尋其他自己適用的TABATA APP。

大家可以從以下這些在瑜伽墊上做的TABATA動作，以及前面介紹過的地板動作中，任選4個動作做2個循環，變成一套自己專屬的TABATA套餐喔！如果懶得自己搭配，也可以連結小羽的 YouTube頻道參考看看喔！

以下每個動作所附的影片連結皆為4組動作的組合，你也可以自己挑選搭配適合自己的來做！

任何運動絕對不要勉強或逞強，若造成運動傷害就得不償失了！

躺著打水（水平踢） 鍛鍊核心肌群、大腿外側

連續動作請
連結影片

◎每個動作都是做20秒後休息10秒，接著馬上進行下一個動作。

◎第4個動作結束之後再回頭做第1個動作，如此4個動作2個循環完成共4分鐘。

◎若想要多鍛鍊，可以選4個動作4個循環共8分鐘喔！

躺著腳交叉

鍛鍊核心肌群、大腿內側

連續動作請連結影片

腳打直，躺著左右交叉雙腳

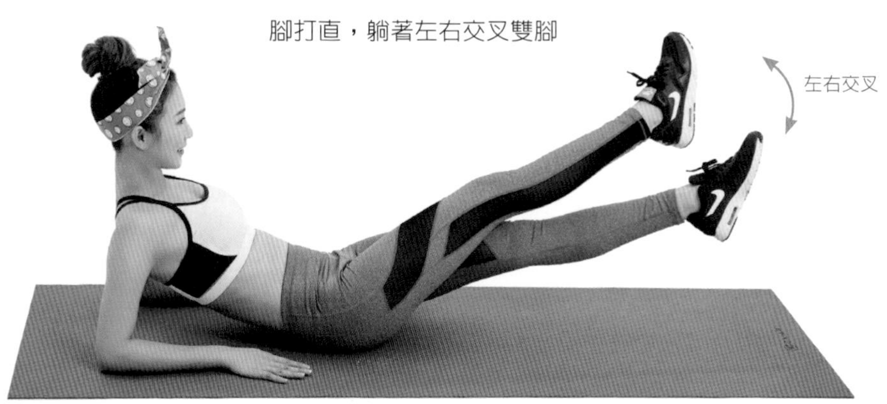

仰臥起坐（捲腹）

鍛鍊核心肌群

連續動作請連結影片

躺下腳弓起，利用腹部的力量起身，
雙手摸膝並維持住姿勢

手碰腳踝

鍛鍊核心肌群

連續動作請
連結影片

1

躺下腳弓起

2

起身時手摸右腳踝

3

維持姿勢不要躺下
用左手摸左腳踝

側身V-UP 鍛鍊核心肌群、大腿上側

連續動作請連結影片

1 身體呈大字形躺下

2 右手摸抬起的左腳

3 再用左手摸抬起的右腳

V-UP 鍛鍊核心肌群

連續動作請
連結影片

雙手平舉躺下

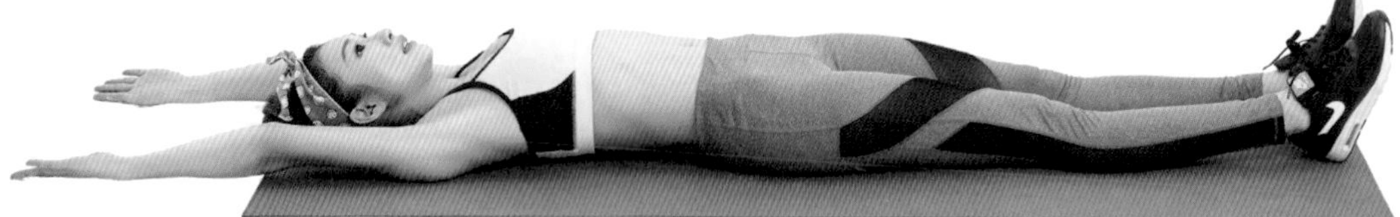

2

利用腰部的力量將身體彈起

3

亦可用腹部的力量讓雙手碰腳趾

捲腹繞圈

鍛鍊核心肌群

連續動作請
連結影片

1 雙手交叉胸前躺下，屈膝

2 利用腹部的力量，
上半身微微抬起繞圈，回到原位

平板支撐（棒式）

鍛鍊核心肌群

連續動作請
連結影片

手肘撐地，捲腹夾屁股維持20秒

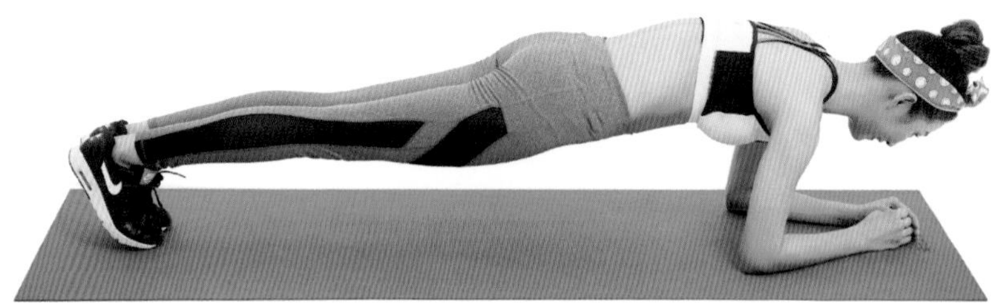

坐姿左右轉體

鍛鍊核心肌群

連續動作請
連結影片

1 坐姿，下半身離地

2 上半身左右旋轉，雙手左右碰地

平板支撐登山式

鍛鍊核心肌群

連續動作請
連結影片

1 同上平板支撐，
左腳膝蓋碰左手肘，回正

2 右腳膝蓋碰右手肘

平板支撐腳畫圓

鍛鍊核心肌群、大腿緊實

連續動作請
連結影片

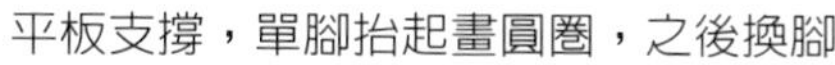

平板支撐，單腳抬起畫圓圈，之後換腳

9. 運動前的暖身：靜態與動態

大家都知道運動前要先暖身，但運動完收操也是很重要的！

很多人以為在運動前拉筋伸展也算是一種熱身，事實上，拉筋伸展應該在運動完之後做。這裡講的拉筋伸展也就是靜態的拉筋動作，如彎腰摸腳趾、伸展四肢之類的，被拉長且放鬆的肌肉並不會有力量，所以**不應該去伸展還沒有熱開的肌肉當作暖身運動來做**。

當肌肉熱開之後再去伸展，才會得到較好的彈性，運動前應該做的第一件事是靜態暖身，也就是先活絡關節部位，接下來再配合特定的運動，透過全身性的連續動作熱開肌肉，也就是動態暖身。

相反的，運動後非常適合拉筋伸展，不僅能預防肌肉受傷，還能讓肌肉擁有更好的活動範圍、更有彈性和可塑性。

運動後的
收操：
拉筋伸展

9 運動前的暖身：靜態與動態

運動前一定要暖身，暖身可以熱開肌肉跟關節，有效降低運動傷害的發生。運動前的暖身可以分為靜態與動態。建議先做靜態暖身之後再做動態暖身，才可以開始運動喔！

靜態暖身1—頸關節

連續動作請
連結影片

1 頭向下壓

2 順時針慢慢轉三圈後，
再逆時針慢慢轉三圈

肩膀放鬆
保持微笑

靜態暖身2—肩關節

連續動作請
連結影片

1 雙手向胸前彎曲，
手指放在鎖骨區

2 向前轉三圈後，
再向後轉三圈

肩膀放鬆
保持微笑

錯誤示範

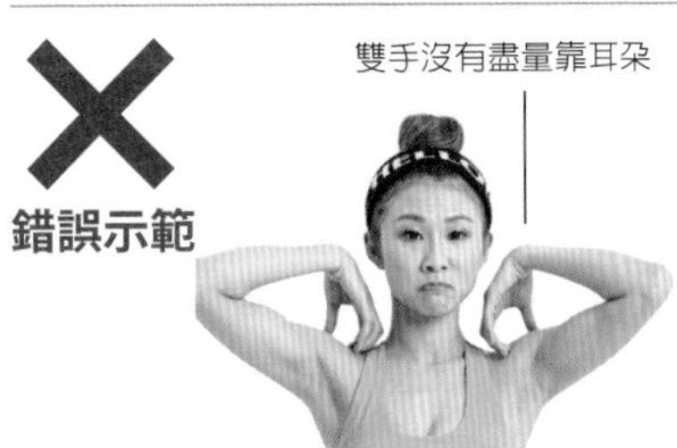

靜態暖身3—腕關節

連續動作請
連結影片

1 手掌於胸前交疊

2 手掌上下翻轉

3 手掌上下左右翻轉

靜態暖身4—腰部脊椎

連續動作請
連結影片

1 雙手叉腰

2 腰部向一側頂出
順時針（向前）轉三圈

3 腰部向一側頂出
逆時針（向後）轉三圈

盡量畫圓

靜態暖身5—膝關節

連續動作請
連結影片

1 雙手放在膝蓋處微蹲，膝蓋併攏

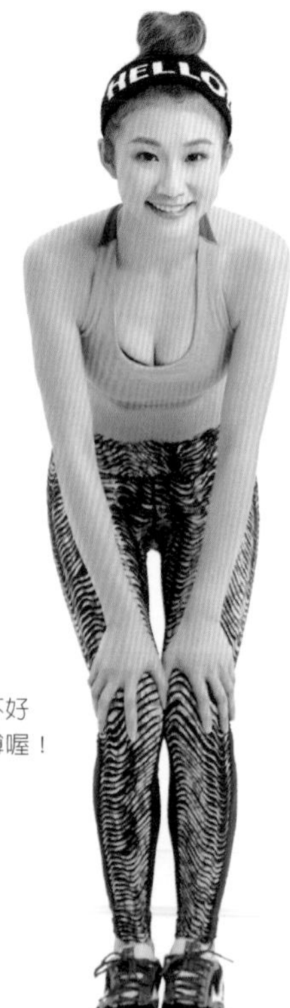

膝蓋不好
不用蹲喔！

2 順時針（向前）轉五圈，
慢慢往下蹲，再慢慢起身

3 逆時針（向後）轉五圈，
慢慢往下蹲，再慢慢起身

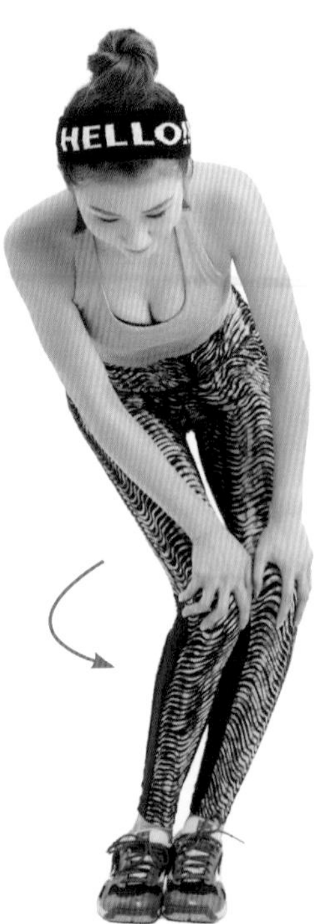

靜態暖身6—踝關節

連續動作請
連結影片

1 雙手叉腰，
腳尖點地，腳跟離地

2 順時針、逆時針
各轉三圈

全身放鬆

3 換腳重複上述動作

靜態暖身之後，就可以開始透過動態暖身來熱開肌肉囉！

動態暖身1—手肘碰膝蓋

連續動作請
連結影片

1 同時抬起右腳和左手，
讓右膝碰到左手肘

2 同伸直右腳和左手，
讓左手碰到右腳趾

等身體熱起來後，
動作可再加大

3 換邊重複上述動作

動態暖身2—四肢撐地原地跑步

連續動作請
連結影片

1 四肢撐地，
左右腳原地跑步

一開始先慢慢跑，
速度可慢慢加快

動態暖身3—開合跳

連續動作請
連結影片

1 雙手向兩側打開，
雙腳同時跳躍張開

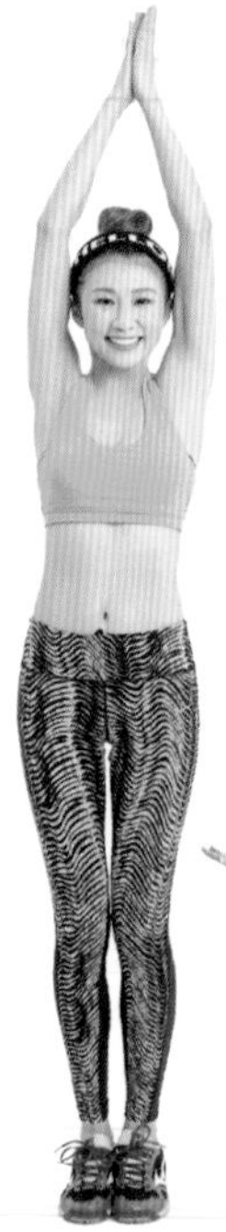

2 雙手向上併攏，
雙腳同時跳躍併攏

此動作不需要太大，
速度也不用加快

3 雙手再次向兩側打開，
雙腳同時跳躍張開

4 雙手放下置於大腿兩側，
雙腳同時跳躍併攏

動態暖身4—站立地跑步

連續動作請
連結影片

1 手腳抬高，原地跑步

10 運動後的收操：拉筋與伸展

運動後一定要記得收操！此時透過拉筋伸展的動作可緩和緊繃的肌肉，保持肌肉彈性。如果能做好運動後的拉筋伸展動作，也能有效降低運動傷害的風險喔！

上臂伸展

連續動作請
連結影片

1 一隻向另一隻手方向伸直，
另一手向上彎曲，
兩手交叉呈垂直，
手臂打直默數10下

垂直

2 也可以向後延伸，
順勢伸展腰部

後背伸展

連續動作請
連結影片

1 一手向後彎放輕鬆，
另一手協助壓住肘部並施壓

2 默數10下，
換手重複以上動作

前臂伸展

連續動作請
連結影片

1 一手向前伸直放輕鬆，
另一手協助壓住指尖向前、向後扳

2 默數10下，
換手重複以上動作

胸背＋頸部＋側體伸展

連續動作請
連結影片

1 雙手交握提起向上，
頭抬高向上看，吸氣

2 雙手交握高舉數10下後，
向一側彎曲伸展

3 再向另一側伸展

4 雙手回正順勢吸氣後，
吐氣放下

側腰部伸展

連續動作請
連結影片

1 吸氣向後轉身，
頭向後看，默數10下

2 吐氣身體回正

3 再吸氣換邊做，
吐氣回正

下腰部＋腿部伸展

連續動作請
連結影片

1 雙腳向前併攏伸直

2 雙腳併攏，
身體向下壓

3 雙腳向兩側打開，盡量伸直，
身體向下壓

4 雙手及身體
慢慢下壓向前伸

側腰部+腿部內側伸展

連續動作請
連結影片

1 雙腳打開

2 右手碰左側腰，
左手向右側下彎碰到腳尖

3 回正，換邊重複以上動作

側腰部+腿部外側伸展

連續動作請
連結影片

1 一腳屈膝
腳踝頂住另一隻腳膝蓋

2 手肘頂住彎起的膝蓋，
身體側轉向後看

3 默數10下，換邊做，
亦可將彎起的腳重複上述動作腳跨過另一隻腳

腿後側伸展

連續動作請
連結影片

1 弓箭步，身體盡量壓低

2 默數10下，換邊做

放鬆腿部肌肉

連續動作請
連結影片

雙腿伸直上下抖動，
放鬆肌肉

每次運動完記得做收操動作，可以避免運動傷害喔！

CH4

瘦身迷思總盤點

adidas
adidas

1. 有氧vs.無氧運動，傻傻分不清？

很多人不清楚有氧運動與無氧運動的區別，對於想要瘦身減脂的人而言，又該如何選擇適合的運動呢？小羽先用下表來告訴大家，有氧運動與無氧運動的特點＆差別：

	有氧運動 aerobic exercise	無氧運動 anaerobic exercise
強度	較低	較強
難度	較簡易	較困難
時間	較長（建議30分鐘以上）	較短
感受	一般	強烈
訓練	心肺耐力	肌耐力
效果	減脂，提升心肺功能	增肌，雕塑體態、曲線
種類	爬山、跑步、游泳、騎腳踏車	重量訓練、舉重、短跑衝刺、拔河
影響	關節負擔	乳酸堆積、肌肉痠痛
呼吸	順暢	急促
心跳率	適度	較高

運動生理學家依據運動時氧氣介入與否這個因素，將運動區分為有氧及無氧運動。肌肉利用醣燃燒耗能並不需要氧氣介入，因此稱之為無氧運動，這樣的耗能時效短暫，但是燃燒快速；而肌肉利用脂肪或蛋白質燃燒耗能需要氧氣介入，稱之為有氧運動，這樣的耗能時效較長，燃燒較為緩慢。

我們也可以簡單把運動分為：運動時能順暢呼吸不感到吃力，一般稱為「有氧運動」。因為持續呼吸這個動作，讓運動中的你得到不斷供給的氧氣，此時的能量便來自於有氧代謝；相對的，運動時感到吃力無法順暢呼吸，甚至會不自覺憋氣（這種憋氣跟游泳不同），就稱為「無氧運動」。

如果說有氧運動是「省力費時」，無氧運動就是「費力省時」，簡單來說，無氧運動是快速而短暫的爆發力，有氧運動則需要一次進行約30分鐘以上的時間，才會真正產生燃脂瘦身的目的。像是跑步、爬山、打球、游泳、飛輪、瑜伽、跳繩、馬拉松、有氧拳擊、有氧舞蹈等都算是有氧運動。***有氧運動因為比較容易上手，因此非常適合想要培養運動習慣的初學者***，除了注意不同運動的服裝配備外，基本上較沒有限制。

至於無氧運動則較常在重訓室或健身房，是短時間的爆發力及肌耐力訓練，可以增加肌肉、雕塑身材，以及鍛鍊局部馬甲線、人魚線等曲線，像是舉重（推舉槓鈴、啞鈴）的阻力訓練，以及拔河、單槓、跳遠、百米衝刺、伏地挺身、彼拉提斯、徒手肌力訓練……等都算是無氧運動，因為無氧運動較難上手，危險性及衝擊性當然相對較高，如果你是運動初學者，記得在教練或專業人士陪同下從事無氧運動，如果已經是中高程度學者，重量訓練或是阻力訓練則非常適合你。另外，針對局部肌肉鍛鍊時，可以鍛鍊一天休息一天，除了讓原先破壞的肌肉纖維獲得適當的生成與休息外，也能避免乳酸堆積過多以致痠痛不適的情形產生。

解釋完有氧及無氧的差別後，大家一定會問：「我可以只做有氧或無氧運動嗎？」當然可以啊！但事實上，**有氧及無氧運動穿插才能達到運動的最大效益**。

小羽的
簡易有氧＆無氧
運動套餐

1.先做有氧運動跑步30分鐘左右當作熱身

2.做無器械的肌力訓練，或穿插槓片器材進行訓練

2. 到底要不要算卡路里？

按照卡路里公式，我每天吃3200大卡就會胖1公斤?!

我的一個好友年輕時怎麼吃都吃不胖，大家都說他浪費食物，東西進到肚子裡又直接排出來，完全不吸收，為此他還特別詢問營養師，營養師告訴他：「根據計算，你每天吃3200大卡的食物，每個月就可以胖1公斤了。」但他就是吃不胖！

等他過了30歲後，雖然每天吃的比以前少，肚子卻一天天大起來，體重也直線上升，甚至開始煩惱該怎麼減肥了。為什麼會這樣呢？

按照卡路里公式，我每天只吃1600大卡也瘦不下來啊?!

又有一位女性朋友告訴我，為了快速瘦身，她遵照營養師的建議，甚至將每日攝取的卡路里減至1600大卡，比自己的基礎代謝率還要低，但是一個月以後，還是瘦不下來啊?!這個卡路里公式到底值不值得參考？老實說，**請把卡路里公式暫時丟一邊吧，那只是參考值而已，與其每餐計算一個便當、一頓飯的卡路里，還不如直接捨棄糖分跟澱粉就可以了**。

基礎代謝率（BMR）

♀：655＋（9.6×體重）＋（1.7×身高）－（4.7×年齡）

♂：66＋（13.7×體重）＋（5.0×身高）－（6.8×年齡）

3. 吃蔬食比較容易餓？

每當小羽在推廣健康蔬食時，最常聽到的就是吃蔬食比較容易餓的問題，真的是這樣嗎？

還是回歸到一個問題：為什麼會飢餓？大腦發出飢餓的訊號，通常都是因為血糖濃度低於大腦所習慣的標準之下所發出的訊號，所以，若吃蔬食比較容易餓，恐怕是由於大腦對於血糖濃度的慣性偏高，改變成蔬食之後，大腦需要一段時間重新適應新的血糖濃度慣性的關係。

就算是肉食主義者，開始控制澱粉與醣類的攝取之後，飢餓感也會如排山倒海般洶湧而來，可見其實跟蔬食沒有多大關係，當大腦開始重

新適應新的血糖濃度水平，就不會那麼常感到飢餓，而且很容易產生飽足感，所以吃東西的量會自然減少。

蔬食者若因為還在習慣新的飲食方式而每天提早產生飢餓感時，可以補充水煮蛋、清燙花椰菜，或者一些豆類製品；如果你還不是蔬食者，建議飢餓時補充水煮蛋、肉乾、肉片之類的食物，等身體開始適應後，自然就不會再那麼容易餓了。

吃蔬食比較沒力氣？

另外一個最常聽到對於蔬食的疑慮，就是吃蔬食會比較沒有力氣，特別是男性朋友，這讓小羽驚呆了！事實上有太多奧運金牌選手都是蔬食者，但他們跑得比一般人快、跳得比一般人高，專注力、爆發力、肌耐力等都比一般人強。

有許多的半蔬食運動員都說，在奧運比賽期間，嚴格蔬食控制讓腸道更乾淨，循環系統也更順暢，並且有一種煥然一新的感覺。每個實施過健康蔬食的朋友似乎都有同感，當身體開始習慣這種飲食後，馬上會感覺更輕盈更有活力！

人體所需要的養分和營養素，都可以從蔬食中取得，換句話說，有沒有力氣的關鍵還是在於肌肉的強度，跟蔬食或肉食沒有關係。

4. 「爆汗」減肥效果比較好？

坊間常聽到所謂的「爆汗」產品，例如： 健身膏、爆汗褲、爆汗衣、熱瑜伽……等，特別強調爆汗對於減重的效果，甚至認為還可以排毒，因此很多人都躍躍欲試，想知道效果如何。

汗腺是為了散熱而存在，流汗的目的就是調節體溫，也就是說，身體會常態性的維持在固定的溫度，當體溫過高時，透過排汗系統散熱是一種生理反應。雖然脂肪的代謝也可以透過汗腺排出體外，但**汗液的主要成分是水，透過汗腺所能代謝的脂肪量非常有限**。即使流好多汗，也只是代表今天的運動量比較大（因為體溫升高得太多太快），如此而已。若是透過外在的機制，例如：瘦身膏、爆汗褲、爆汗衣……等，讓你因為散熱不良導致身體排出更多汗，對於燃燒脂肪的功效其實幾乎等於零，更別說是能夠代謝掉的脂肪量了。

由於醣類跟脂肪燃燒會產生熱能，讓你開始出汗，但汗流越多，並不代表脂肪就燃燒得越多越快。小羽常常看到很多人在大太陽下穿著防風外套或是雨衣跑步，享受那種大汗淋漓的感覺，自以為瘦身效果特別好，只能說這是一種心理暗示法，嚴格說來，**我們需要計算的是運動量多少，而不是汗流多少**。

流汗是一種身體排水的過程，既然水分排出了，體重很自然就會減輕，同樣的，當身體中的水平衡被破壞以後，大腦也會通知你需要補充水分，所以，爆汗對於瘦身並沒有意義。

運動會讓身體自然由內而外的加熱，等到核心溫度到達自身的臨界值（每個人開始流汗的體溫都不一樣），身體就會開始排汗散熱，微微的出汗就代表身體已經開始散熱了，讓身體保持在這樣的散熱狀態才是最健康的喔！但是由外而內的加熱方式讓身體出汗，並無法真正讓身體的核心溫度升高，而且還有點本末倒置了！不知道大家有沒有發現，身體在比較虛弱時，比方說感冒，反而容易大爆汗，而大量流汗也會讓你越疲勞。

千萬不要只聽到穿了某廠牌的爆汗褲激瘦10公斤之類的噱頭，真正讓他們成功瘦身的主要原因，一定是控制飲食和運動的關係！

5. 這些減肥偏方真的有效嗎？

酵素排便減肥法

常聽人說，宿便堆積在腸道裡導致小腹凸出肥胖，若腸道不健康毒素累積在身體裡，就會水腫虛胖，倘若排出宿便，便能輕鬆減重。

事實上，水腫跟肥胖是兩回事，宿便並不是脂肪，排宿便其實跟瘦身無關。但是由於糞便有重量，排便後量體重當然會有瘦一點的錯覺，下腹部似乎也變小了一點，這些假象讓你以為自己真的瘦了，殊不知「肉肉依舊在，體脂依然高」，就像脫光衣服站上體重計一樣，只是衣服的重量不見而已，跟瘦身一點關係都沒有。

所謂「減肥」，就是減掉身體的脂肪，但脂肪無法從腸道甚至藉由便便代謝掉，所以千萬不要用酵素或瀉藥減肥，不僅無效，若使用不當還可能導致健康出狀況喔！

拉筋拍打減肥法

記得幾年前，全台掀起了一陣拉筋拍打風潮，人手一支「自拍棒」，認為可以延年益壽治百病，還可以活絡筋骨、減肥瘦身，就連家父家母也是一人一支，每每一到晚上8點，就聽到此起彼落的拍打聲，姑且不論拉筋拍打是不是能治百病，但是可以確定的是，拉筋拍打並沒有減肥瘦身效果。

肥胖的成因很多，但與營養過剩絕對脫離不了關係，而拉筋拍並沒有調整營養過剩的能力，充其量只能勉強算是一種微量的運動，但是身體絕對不會是因為筋脈通暢了，養分及熱量就會流失，進而達到減肥瘦身效果。

這裡講的拉筋並不是指瑜伽這類活動，事實上小羽很鼓勵大家做瑜伽，並且把瑜伽當成每天的運動。瑜伽的動作可以拉長肌肉和筋骨，對於塑身非常有幫助，想要擁有美麗的體態不妨嘗試，但前提是：

飲食還是要控制好，否則只會讓你變成一個筋骨很軟的胖子喔！

針灸中藥減肥法

朋友間最常聽見的就是看中醫減肥門診，這真的讓我百思不得其解，真有這麼神奇，幾根針插下去，就能阻斷吸收能力，甚至不需要控制飲食和運動，就能達到減肥的目的？到底是打通任督二脈還是阻斷任督二脈才能減肥瘦身呢？某天總算有個機會，好朋友剛看完中醫出來找小羽一起去健身房運動，我隨手拿起藥單看了一下，本來還怕中醫博大精深，藥名應該看不懂，回家還要翻翻《本草綱目》之類的，想不到前幾項就這麼單純寫著：綠茶萃取物、咖啡萃取物……完全不用翻書，真的是太親民了！回去再翻翻幾味藥，整體翻譯起來就是：***讓你不容易吸收卻容易腹瀉的藥物***。如果吃完隔天腹瀉出一堆油脂，你大概會很高興認為脂肪都被你排出來了吧？！

事實上，導致發胖的原因不是吃下的那些油脂，而是過多的醣跟澱粉，而你身上的脂肪也絕無可能以這樣的型態從消化道被排泄出來，所謂綠茶、咖啡等萃取物，先不論這些東西跟中藥有什麼關係，但事實上也無法完全阻斷糖分與澱粉的吸收，不過由於綠茶等東西的去脂功效被過度渲染且誇大已深植人心，所以大家就覺得用來減肥一定沒問題。

有個中醫朋友曾說，這些減肥中醫開的複方藥品都是屬於寒涼泄洩之物，不論青紅皀白就開這種藥給病患吃，長期服用身體一定出問題！小羽還是誠心建議大家，瘦身沒有偏方，請回歸正途，從基本的控制飲食和適量運動做起，才能持續健康。

吸油過水減肥法

記得大學時代的室友，每次吃飯前都會用餐巾紙把所有食物的油脂吸過一遍，甚至先過個水才敢吃下肚。小羽已經強調很多遍，到底是因為攝入過多澱粉或醣類導致你營養過剩而發胖，還是因為吃下太多油脂呢？答案當然是前者！所以，吸油減脂的瘦身效果還不如飯量減半來得有效。

適量的油脂對身體絕對有必要，油脂在腸道也是一種潤滑劑，攝取脂肪並不會讓你立刻變胖，但卻容易腹瀉；而缺乏油脂的腸道自然會排便不順，當然，便秘不單只是這個原因，水分攝取不足也是原因之一。總之，在瘦身過程中，*吃下去的油脂不是你該煩惱的，堆積在身體裡的油脂才是你要面對的*！

6. 不吃晚餐或消夜就會瘦？

很多朋友告訴我，因為要減肥所以不吃晚餐或早餐，或者認為「吃消夜很容易胖」，但事實上，發胖最主要的原因是攝取過多營養導致脂肪堆積，這跟吃不吃晚餐或者有沒有吃消夜的習慣並沒有絕對關係。

就算不吃晚餐或消夜，卻在晚餐之前先填飽肚子，或是在中餐時吃過量，導致攝取過多營養，一樣會累積脂肪。如果你下定決心再也不吃晚餐或消夜，請問你能保證這個習慣可以維持一輩子嗎？如果沒辦法，復胖的機率不就很高?!所以，減肥的重點依舊還是在於學習控制營養的攝取。

有效減肥真正的關鍵還是在控制食欲，***一再壓抑正常食欲而沒有得到宣洩，只會導致復胖***，不管是利用代餐法還是節食法，這類減肥方法或許在短期內都有一定效果，但長期而言，復胖只是早晚的事。利用低醣減脂，不需要特別壓抑食欲，一旦飲食減醣，自然會讓你維持苗條身材不易復胖。

7. 多喝牛奶有助瘦身？

我們從小就被灌輸每天喝一杯牛奶才會長得又高又壯的觀念。的確，當你還在發育期或是青春期時，喝牛奶可以補充鈣質和許多生長必須的維生素，且容易吸收好消化，但是當你過了發育期，其實可以透過其他各種食物攝取所需的養分。

市售的脫脂牛乳往往加深了我們對於脂肪的誤解，誤以為把牛乳中的脂肪去除掉就不會胖，這顯然是個迷思。乳製品的升糖指數（GI）並不高，乳製品中的乳醣跟澱粉與食物相較也算是微不足道，但是**乳製品卻能激發非常大的胰島素反應，胰島素快速分泌就會加速醣類變成脂肪**，就算只喝少量的牛奶，不管是脫脂牛奶、優酪乳或乳酪……等，對於去除脂肪都會有很大的阻力，建議還是把牛奶或乳製品留到快樂日再吃。

所以，你現在還在喝拿鐵嗎？試試看小羽的選擇，改喝豆漿拿鐵或純黑咖啡吧！

8. 以水果取代正餐和多喝果汁不會讓你瘦？

「每天吃水果補充維他命，讓你青春美麗」幾乎是每個女生奉為圭臬的事，「飯後吃水果幫助消化」之類的觀念，也根深柢固在每個人腦海裡，每天不吃點水果就會覺得不健康、對不起自己，事實上，對瘦身而言，小羽建議一週只需要選一天吃水果就可以了。

什麼?! 真的不需要每天吃水果？其實，水果中所含的維生素，各類食物中都有，**不需要天天吃水果來滿足身體對於維生素的需求**，而且，水果中的果醣特別容易透過肝臟轉換成脂肪，這對瘦身是非常大的阻礙。再說，古代在還沒發明保存水果的方法之前，人類本來就不太有機會吃水果，如果是住在水果產量長年不足的地區，更是有大半年的時間都不可能吃到，所以，其實沒有天天吃水果的需要。

一週選一天，在快樂日那天吃水果或喝果汁就可以了。在農業科技發達的今天，水果的甜度與日俱增，攝取過多不單單只是糖分吸收堆積的問題，甜度超高的水果加上濃郁的香氣，每天食用反而容易養成醣癮，不得不慎！

如果你真的很喜歡吃水果，也不建議在一大清早吃，最適合吃水果的時間其實是午飯過後或是下午，而且夏天比任何季節都適合吃喔！

9. 戒糖飲就夠了！請給我一份三明治＋水果沙拉＋牛奶？

有一次在早餐店，遇到一位貌似剛從健身房出來的中年男性，正在仔細端詳點餐看板，然後問老闆：「我在減肥，請問有沒有什麼無糖飲料可以點？」

老闆頭也不回地說：「牛奶可以嗎？」
男子說：「可以，麻煩再給我一份火腿三明治加一份水果沙拉。」

小羽聽到這段對話其實有點傻眼，原來一般人認為：無糖飲料＋水果沙拉＋三明治是適合瘦身的飲食，聰明的你應該已經知道問題出在哪裡了吧？老實說，**這三樣東西對於正在減肥的人而言，每一樣都碰不得啊！**

瘦身地雷早餐

牛乳：升胰島素指數過高，對於減重有極大的阻礙。

水果：果醣最容易吸收，也最容易被肝臟轉換成脂肪。

三明治：升糖指數最高的澱粉類食物。

10. 一天到底可以吃幾顆蛋？

關於一天到底可以吃多少顆蛋，眾說紛紜各有說法。前面提過，蛋白質是人體細胞構成的主要成分，舉凡肌肉組織、內臟組織、內分泌、血小板、紅血球、精子、卵子……等都是蛋白質構成，若身體缺乏蛋白質有可能讓你疲乏、無力、腹瀉、貧血、血漿蛋白質濃度低下、水腫、皮膚乾燥粗糙、毛髮枯黃……等。

如果想增大肌肉，就必須吃更多蛋白質促進肌肉發達，所以市面上才會有各種蛋白飲品。此外，當你在控制醣癮，對抗因為大腦重新調整血糖慣性所產生的飢餓感與疲倦感時，也完全可以靠補充蛋白質來度過。雖然建議使用植物性蛋白取代動物性蛋白，但即使是蔬食的小羽，每天早上還是會吃一顆水煮蛋作為一天的開始。

相信很多人也像小羽一樣，時常忙起來就沒時間吃飯，因此，便利商店的茶葉蛋就變成我的最佳隨身夥伴，肚子餓時補充一顆蛋就可以撐很久，事實上，還有許多瘦瘦的朋友告訴我，蛋不單只是耐餓而已，每天吃一顆蛋甚至讓她原本有點水腫的手臂變得更細、更緊實了。

目前已有越來越多營養師主張蛋吃得多少與膽固醇並無直接關係，所以，如果問我一天到底能吃幾顆蛋？我會說：愛吃多少就吃吧！無論如何請記得，澱粉跟糖分才是營養過剩的最大元兇！如果你還是會擔心蛋量的攝取問題，不妨依據自身的健康狀況請教醫師或營養師喔！

水煮蛋的營養成分

營養成份	單位	每100克含量	營養成份	單位	每100克含量
水	克	74.6	磷	毫克	172
能量	千卡	155	鉀	毫克	126
蛋白質	克	12.6	鈉	毫克	124
脂肪	克	10.6	硒	微克	4.8
膽固醇	毫克	373	硒	微克	30.8
鈣	毫克	50	維生素A	IU	520
鐵	毫克	1.2	維生素B5	毫克	1.4
鎂	毫克	10	維生素D	IU	87

美國最新飲食指南已「取消攝取膽固醇上限！」

自2015年開始，美國衛福部已取消每日攝取膽固醇的上限。多項研究顯示，飲食中的膽固醇對健康成年人血液中的膽固醇濃度並沒有顯著影響。人體七至八成膽固醇是自行製造，膽固醇攝取量多，身體會自動減少合成，保持膽固醇濃度穩定；但若遺傳條件不佳，先天代謝膽固醇的能力就弱或合成膽固醇量多，暴飲暴食還是會升高血膽固醇。所以，儘管放心1天吃1顆蛋（約含260毫克膽固醇）也沒問題！但若不了解自己的體質，仍建議謹慎吃較安全。

11. 運動瘦身就是把脂肪變成肌肉？

以下是一般人對於運動瘦身的迷思：

‧太胖了嗎？多運動就會瘦！
‧瘦不下來嗎？那表示你運動量不夠！
‧一定要多運動，才能把脂肪變成肌肉！

事實上，這些也不完全是錯的，運動的確可以讓你瘦，但運動量與瘦身速度並不一定成正比！老實說，若沒有控制好飲食，再怎麼運動也不會瘦！甚至還會來越來越壯。因為運動量越大，身體就需要更強壯的肌肉來支撐，所以肌肉發達是遲早的事，一旦肌肉發達讓你變壯，想要瘦下來就不是一件容易的事。

若在良好的控制飲食條件下，其實根本不需要太多運動量，也不需要強度過高的運動。減肥無非就是減去脂肪，減去的脂肪並不會變成肌肉，兩者是完全不一樣的東西，但你可以減去脂肪同時鍛鍊肌肉。

- 如果只是增肌，會讓你變壯；但是，皮下脂肪過厚會讓你的肌肉不明顯。
- 如果只是減脂，皮下脂肪較薄會讓肌肉線條自然浮現也不會過於強壯。

我身上到底是皮下脂肪還是肌肉？

有些男生看起來很胖，事實上那種體型的男生大多數是因為從事勞力工作，而大塊肌肉外面又包覆著一層脂肪；有些人則是肌肉量很低，且完全被脂肪包覆。如果你曾仔細觀察某些勤練健身的朋友，也試圖效法他們練出肌肉線條但卻都效果不彰，其實，只要去除皮下脂肪就行了，但是，如果不控制飲食減掉脂肪，不管怎麼練都徒勞無功。

到底怎麼分辨皮下脂肪？***用兩根手指一捏***，大概就能知道了，脂肪底下才是你的肌肉。

除此之外，你很羨慕別人有一雙勻稱的美腿，自己卻是蘿蔔腿嗎？由於腿部承受全身的重量，當體重越重，每天的站立、行走、爬樓梯……等所有活動，都會不斷強化腿部肌肉，想要消除蘿蔔腿就更難了。腿部的皮下脂肪通常最薄，相較之下，臀部、手臂和腹部捏起來，皮下脂肪就比較厚。

12. 運動完不能吃東西？

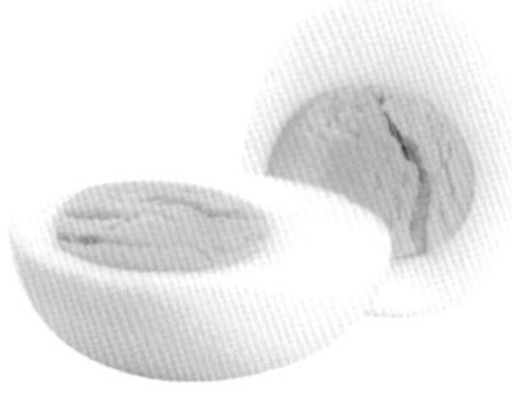

很多人在運動結束之後很怕吃東西，生怕好不容易燃燒掉的脂肪又補充回去了。

事實上，**運動完很適合吃一點東西**，前面提過，運動時身體會分泌腎上腺素，此時會產生大量葡萄糖提供肌肉細胞作為燃料，而運動結束後，腎上腺素並不會馬上消失，依舊會殘留在體內一段時間，所以這時候吃點東西其實並不容易堆積成脂肪，事實上還有助於消除肌肉疲勞。運動完最好多補充蛋白質，由於在運動過程中，肌纖維難免有損傷，補充蛋白質可以幫助修補運動時損傷的組織。

當然，也並不是說運動完就可以放縱的大吃大喝，別忘了，當你開始進食後血糖上升，身體也會分泌胰島素讓脂肪細胞攝取血液中的葡萄糖，若吃過量還是會累積脂肪的喔！特別是運動完立刻跑去快炒店喝啤酒這種行徑，萬萬不可啊！

13. 看起來瘦瘦的人，也可能內臟肥胖？

有個朋友詢問我如何瘦身，身高182cm體重75公斤的他根本是標準身材，黝黑的皮膚加上健美的體魄，不菸不酒早睡早起，每天勤運動，但是聊了許久之後才知道，他本來以為自己非常健康，直到有一天去做全身健檢，護士告訴他：「你抽出來的血液有點油要注意喔！」接著照超音波時，醫生告訴他：「你有輕微的脂肪肝！」他才發現原來自己是胖在內臟。於是買了一台多功能的體脂計，為了消除脂肪肝，每天更加勤快運動，體脂肪是下降了，但是內臟脂肪卻不動如山，奮鬥半年之後，我推薦他自己的一套控制飲食計畫，也可以說是這本書的緣由與前身喔！

他笑著告訴我：「當醫生勸我不要抽菸、熬夜、喝酒，三餐不要大魚大肉、作息要正常、要多運動……老實說，我心想，拜託，別開玩笑了，我每天就是這樣做啊，但怎麼會有脂肪肝呢？」

於是，他在實施小羽的這套飲食控制──開始蔬食、低醣、運動，終於甩掉內臟肥胖，找回健康的身體。

所以，很多人外表看起來瘦瘦的，其實是胖在看不到的地方甚至不自知，千萬不要以為看起來瘦或是標準體重就是真正的瘦喔！

瘦的人容易中風？

血液中的脂肪懸浮物阻塞血管，脂肪堆積在血管壁導致血管變細，通常是中風的主要原因。所以，血管比較細並不是因為太瘦，而是因為肥胖造成過多脂肪囤積在血管壁上。肥胖中風的機會較平常人高出40%！至於有些人反駁：「很多中風的人也是瘦瘦的啊！」這裡指的胖不是只有看起來胖，很多瘦瘦的人一樣有啤酒肚，一樣有血脂防或是內臟脂肪的問題，像這種看不出來的肥胖更是腦中風的高危險群喔！

14. 副乳可以靠按摩或運動消除？

很多水水們常有副乳的煩惱，副乳的成因很多：有的是由腋下淋巴結堵塞，代謝物淤積而形成腫塊，或是先天的乳房組織增生，有的則是後天內衣穿著不當，在腋下和乳房組織間累積出一塊多餘的贅肉。

如果是因為天生乳腺發達乳房組織增生，需要經過醫生判定是否需要靠手術處理，不管怎麼運動或是按摩都無法完全消除。

如果是因為胸部脂肪游離，大都是因為長時期穿戴不適當的胸罩所造成，可能是沒有選對胸罩、罩杯太小無法包覆胸部的脂肪，而讓胸部脂肪往左右側外移產生游離塊；或者是胸罩下圍尺寸太大，固定效果不佳，胸罩無法固定住脂肪，脂肪因此游離。此外，也有可能是很多女生穿好胸罩之後，發現胸部與手臂處有塊皮層沒有被包覆進去，就誤以為是副乳，其實是因為缺乏運動導致皮膚鬆弛，產生過長的皮層，只有在後者這種情況下，靠運動和按摩才有機會消除副乳喔！

15. 我的運動應該加大負重還是增加次數？

常有很多人問小羽：「這個動作每天應該要做幾下啊？」

關於這類問題，其實沒有正確答案，每個人的體適能不同，也就是身體狀況、肌肉強度都不同，所以因人而異，但可以確定的是，不管做任何訓練或運動，都要以「不受傷」為基本原則。

在運動及訓練的過程中，到底應該加大負重和強度，還是增加次數呢？這就牽涉到你鍛鍊的目的為何了，如果想要強化肌肉，以鍛鍊肌肉為目標，你需要漸進式的增加負重與強度；但 ***如果只是單純想要運動，或以減肥、塑身、拉提為目標，其實並不需要增加負重，而是應該增加動作的次數***。

比方說，很多女生告訴我，覺得只拿一瓶礦泉水很輕，沒有用到力的感覺，這樣是不是沒什麼效果，需不需要換大瓶一點的水呢？其實不需要，要維持姣好的體態並不需要太大的肌肉，就算使用小瓶礦泉水，也不要以為肌肉沒用到力，事實上還是會運動到的。若負重2公斤只能做20下，但是負重600CC的水，只要不覺得累，就可以增加次數到100下，這樣才是正確的瘦身及輕健身方法。

使用較少的負重或較輕鬆的動作，但是增加動作的次數，才是瘦身運動的準則。
千萬不要自行加大負重，誤以為瘦身效果就會比較好喔！

附錄

附錄 1

來自粉絲的回饋與分享：

跟著小羽輕健身&瘦身，真的瘦了！

台北 蕭先生（上班族，40歲）

原本以為自己是個健康的人，平常早睡早起飲食正常，不菸不酒每天運動，當我被醫生診斷出有脂肪肝時，滿腦子問號在心中盤旋。很高興在小羽教練的飲食控制建議之下，我的內臟脂肪指數漸漸回到正常水準，原本無肉不歡的我，居然也開始習慣蔬食，澱粉跟甜食對我而言，似乎再也沒有誘惑力了。

我覺得身體變得更年輕，皮膚也更好了。誠如小羽所說，要用自己的身體去實驗證明，而不是盲目相信一些絕招偏方，這一切改變甚至讓我有種「重生」的感覺！

小羽教練終於出書了，真的謝謝小羽教練，也希望大家都能因為這本書找回健康。

美國 Linda（學生，26歲）

到美國念書之後，大概是因為飲食習慣的關係，大份量的食物加上漢堡薯條可樂，讓我胖了一大圈。

正苦惱該怎麼辦時，看到小羽教練在YouTube的TABATA視頻，在半信半疑下，抱著死馬當活馬醫的心態就跟著照做，想不到三個月之後我又找回久違的小蠻腰了！小羽教練真的很謝謝你！預祝你新書大賣喔！

台中 梁小姐（上班族，30歲）

原本只是為了讓自己的臀部更翹更緊實，就去健身房報名課程，想不到半年之後臀部雖然是翹了點，但是大腿居然也變粗壯了，這真的讓我好沮喪與錯愕，哪個女生會希望自己的大腿變粗啊。還好遇到小羽教練，謝謝你熱心地告訴我該怎麼做，真的是只有女生才會了解女生的真正需求啊！

台北 賴先生（學生，26歲）

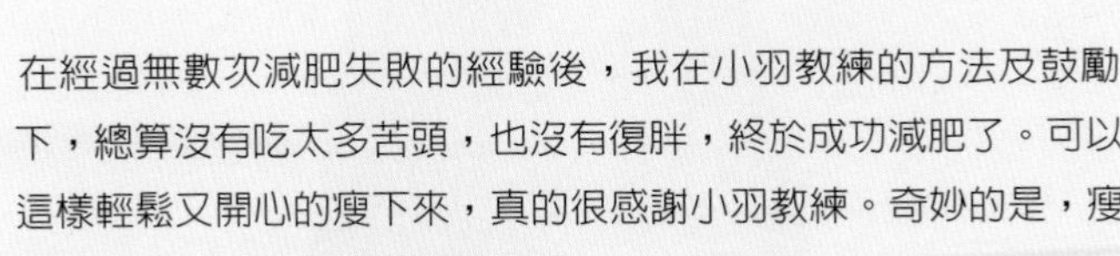

在經過無數次減肥失敗的經驗後，我在小羽教練的方法及鼓勵下，總算沒有吃太多苦頭，也沒有復胖，終於成功減肥了。可以這樣輕鬆又開心的瘦下來，真的很感謝小羽教練。奇妙的是，瘦下來之後，我連人緣都變好了呢！

新北市 莊先生（資訊業，37歲）

第一次知道小羽教練是因為一場座談會中羽教練分享蔬食的好處，因為工作關係，這幾年開始身體常常出現許多原因不明的小毛病，開始採用蔬食之後，這些小毛病居然都慢慢消失不見了，身體變得好輕鬆，精神也特別好，現在對於肉食已沒有什麼欲望，改變飲食習慣真的讓我找回年輕，謝謝小羽教練。

高雄 林小姐（家管，29歲）

好喜歡小羽教練的身材，產後的我想要回復原本的身材，希望能跟小羽教練學習，小羽教練完全知道女生想要什麼樣的身材、體態。當然，我也看過很多女教練看起來雖然瘦，事實上已經練出太多肌肉，那並不是我想要的！如果你也想要像小羽一樣，就趕緊向她學習吧！

MINI
GARDEN

附錄 2

健康飲食法

- ☐ 少碰精緻澱粉類食物、甜食及水果。
- ☐ 少喝含糖飲料、手搖杯及牛奶。
- ☐ 多吃青菜，最好以蔬食為主。
- ☐ 多補充蛋白質，蔬食者多吃豆類食物。
- ☐ 餐餐八分飽。
- ☐ 進食順序：湯→蔬菜→蛋白質&脂肪→澱粉。
- ☐ 細嚼慢嚥。
- ☐ 盡量自己烹調天然食材。
- ☐ 飢餓時補充蛋白質或蔬菜。
- ☐ 飯前飯後30分鐘做點運動。

此頁可單獨貼在書桌前或電腦前，時時提醒自己遵守健康飲食原則

Bye

The Eurasian Publishing Group

如何出版社
Solutions Publishing

www.booklife.com.tw reader@mail.eurasian.com.tw

Happy Body 165

羽健身：小資女變小隻女！輕肌力訓練讓你一瘦到位

作　　者／丁小羽
發 行 人／簡志忠
出 版 者／如何出版社有限公司
地　　址／台北市南京東路四段50號6樓之1
電　　話／（02）2579-6600・2579-8800・2570-3939
傳　　真／（02）2579-0338・2577-3220・2570-3636
總 編 輯／陳秋月
主　　編／柳怡如
責任編輯／尉遲佩文
校　　對／丁小羽・柳怡如・尉遲佩文
美術編輯／金益健
行銷企畫／陳姵蒨・陳禹伶
印務統籌／劉鳳剛・高榮祥
監　　印／高榮祥
排　　版／杜易蓉
經 銷 商／叩應股份有限公司
郵撥帳號／18707239
法律顧問／圓神出版事業機構法律顧問　蕭雄淋律師
印　　刷／國碩印前科技股份有限公司
2017年7月　初版

定價360元　ISBN 978-986-136-490-2

「如果你只是想瘦身，其實不需要去健身房，也不需要做重量訓練；
你只需要持續適量的運動，提升身體溫度，強化循環代謝功能就好。」

——《羽健身：小資女變小隻女！輕肌力訓練讓你一瘦到位》

國家圖書館出版品預行編目資料

羽健身：小資女變小隻女！輕肌力訓練讓你一瘦到位／
丁小羽著. -- 初版. -- 臺北市：如何，2017.07
208面；17*23公分. --（Happy body；165）
ISBN 978-986-136-490-2（平裝）

1. 塑身　2. 健身運動

425.2　　106007969